HISTOIRE

DE

L'AGRICULTURE FLAMANDE

EN FRANCE.

HISTOIRE

DE

L'AGRICULTURE FLAMANDE

EN FRANCE

DEPUIS LES TEMPS LES PLUS RECULÉS JUSQU'EN 1789

PAR

LOUIS DE BAECKER

LILLE

IMPRIMERIE DE L. DANEL

1858

HISTOIRE

DE

L'AGRICULTURE FLAMANDE EN FRANCE.

Le sol de la Flandre maritime.

Le pays, dont nous nous proposons d'écrire l'histoire agricole, est situé entre la mer au nord, la Lys au midi, la rivière d'Aa et le Neuf-Fossé à l'ouest, et la frontière de Belgique à l'est. Avant la Révolution française on le nommait la Flandre maritime ; aujourd'hui il comprend les arrondissements de Dunkerque et d'Hazebrouck, c'est-à-dire le premier et le deuxième arrondissement du département du Nord.

Quand on considère ce pays sillonné de nombreux canaux, légèrement accidenté çà et là de quelques collines, couvert de gras pâturages et d'arbres vigoureux, produisant d'abondantes récoltes de céréales et une variété infinie de fleurs et de plantes légumières, nourrissant les bœufs les plus charnus et les meilleures vaches laitières de France; quand on considère l'homme robuste qui cultive ce sol et qu'on le voit, heureux et fier de son travail, revenir vainqueur des concours pacifiques de l'agriculture, on se demande quelles sont les causes de la fertilité et de la prospérité de ce coin de terre.

Ces causes sont de deux sortes : elles sont morales et physiques. Les premières, le voyageur anglais Arthur Yung les trouve dans la protection que les comtes de Flandre et les ducs de Bourgogne n'ont cessé d'accorder à l'agriculture flamande (1). Les secondes se trouvent sans contredit dans la situation topographique du sol ; c'est à cette circonstance exceptionnelle que l'abbé Rozier (2) et de la Métrie (3), attribuent avec Arthur Yung son état florissant. « Les plaines fertiles, profondes et unies de la Flandre sont, dit ce dernier, un sol aussi beau qu'il est possible d'en trouver pour récompenser l'industrie des hommes : il y a deux ou trois et même quatre pieds de profondeur d'un terrain humide et pourri, mais ce sont des terres friables et moëlleuses, tirant plus sur l'argile que sur le sable, avec un fond calcaire, et à cause de leur origine maritime (car il y a très peu de doute que les plaines de Hollande et de Flandre n'aient été couvertes des eaux de la mer longtemps avant que notre globe n'ait pris sa forme actuelle), abondant en particules qui ajoutent à leur fertilité naturelle, résultat ordinaire de pareilles compositions qui se trouvent dans d'autres lieux. La pourriture de la terre en Flandre et sa position qui est toute plate sont les principales causes qui la distinguent des meilleurs sols du reste de cette partie de l'Europe. »

M. l'ingénieur Meugy a décrit d'une manière plus complète la configuration du sol de la Flandre maritime : « Ce sont, a dit cet habile géologue, presque toujours de

(1) Voyage en France.
(2) Cours d'agriculture.
(3) Journal de physique

vastes plaines où l'œil n'aperçoit que de rares élévations qui se rattachent aux terrains environnants par des pentes presqu'insensibles. Les monticules dépendant de la chaîne de Cassel sont les seuls qui puissent être mentionnés comme présentant un relief qui les distingue nettement du pays plat situé à leur base. Leur plus grande hauteur est de 158 mètres au-dessus du niveau de la mer.... A l'exception de ces sommets, de celui de Watten, dans l'arrondissement de Dunkerque, et de quelques éminences aux environs de Bailleul et d'Hazebrouck, dont les côtes sont comprises entre 55 et 90 mètres, le sol ne s'élève jamais au delà de 45 à 50 mètres, le niveau de la mer étant pris pour zéro...

« Si l'on parcourt la ligne du chemin de fer de Dunkerque à Lille, qui a plus de 20 lieues d'étendue, nous trouvons les côtes de nivellement qui suivent, le niveau de la mer étant pris pour zéro :

De Dunkerque à Coudekerque..	2 m 3	
De Coudekerque à Bergues.....	0	5
Ruisseau en face de Socx	11	
Bissezeele..................	29	
Rivière de l'Yser.............	13	
Tranchée d'Arneke...........	30	
Peene-Becque...............	35	
Tranchée d'Hondeghem	49	7
Borre-Becque	28	
Route départementale n° 9, de St-Omer à Bailleul.........	41	
Station d'Hazebrouck........	32	
Plaine de la Lys d'Hazebrouck à Pérenchies....	17 à 20 m	

« Il est à remarquer que dans les pays de plaines comme le nôtre, les plus légers mouvements du sol, qui ailleurs n'auraient aucune signification géologique, indiquent presque toujours une modification dans la nature du terrain, nous en verrons par la suite une foule d'exemples. Aussi était-il important d'étudier minutieusement la constitution physique du pays pour faire ressortir la liaison intime qui existe entre sa structure géologique et le relief de sa surface.

« La Flandre est traversée par plusieurs rivières, dont les unes se jettent directement dans la mer et les autres vont rejoindre l'Escaut sur sa rive gauche; les premières sont l'Aa et l'Yser ; les secondes, la Lys, la Scarpe et la Sensée.

« ... Toutes ces rivières sont canalisées, à l'exception de l'Yser et de ses affluents.

« La ligne de partage des eaux qui convergent d'un côté vers la mer et de l'autre vers l'Escaut traverse les territoires de Renescure, Ebblinghem, Staple, Hondeghem, St.-Sylvestre-Cappel, Eecke, Flêtre, Godewaersvelde, Boeschêpe, St.-Jean-Cappel et Bailleul. Les points les plus élevés de cette ligne de partage sont :

Le Ravensbergh, à la côte..... 77 ᵐ
Le signal du Mont-Noir....... 131
Le moulin de Boesehêpe...... 137
Le mont des Kattes.......... 158
Le sommet du Mont-de-Sable
(Flêtre) 75

« Son niveau moyen descend ensuite à 60 mètres environ depuis la commune d'Eecke jusqu'à la limite du département, près de Renescure.

« La forme générale de cette ligne est celle de deux droites d'inégales longueurs formant entre elles un angle obtus près de Boeschêpe et dont la plus longue est dirigée à l'ouest-sud-ouest, tandis que l'autre incline vers le sud-est.

« Sur le versant septentrional, toutes les eaux recueillies dans les différentes vallées, à l'exception de celles de l'Aa et de quelques petits ruisseaux qui ont leur origine près du mont des Kattes, se réunissent dans la vallée de l'Yser, laquelle est sensiblement parallèle à la direction principale de la ligne de partage.

« Sur le versant méridional, les eaux vont se déverser dans l'Escaut, soit directement comme celles de l'Espierre, soit indirectement par les vallées de la Lys, de la Scarpe et de la Sensée.

« Ce qui précède fait voir combien il serait inexact de juger de la pente générale du sol d'après la direction des cours d'eau qui l'arrosent. En effet, le Mont-Cassel (cote 157), le Ravensberg (cote 97), Watten (cote 72), sont situés au nord de la ligne de partage que nous avons définie. C'est une faute qui a été bien souvent commise par les géographes de confondre les lignes de faîte avec celles de partage des eaux, car il existe beaucoup de cas où ces lignes ne coïncident pas..

« Dans les arrondissements d'Hazebrouck et de Dunkerque la glaise, désignée en flamand par le nom de *clyte*, est le terrain le plus développé (1). Elle forme, entre Es-

_____

(1) Il existe un petit affleurement de sable londénien dans la commune de Blaringhem, à la limite des départements du Nord et du Pas-de-Calais

taires et Merville (1), comme une espèce d'îlot au milieu
de la plaine de la Lys, qui, de Bailleul à Hazebrouck et
à Aire, est ceinte par une suite de collines glaiseuses. La
glaise paraît encore au pied des côtes des environs de
Wittes, de Blaringhem et de Lynde, et elle forme une
large bande qui borde pour ainsi dire sans discontinuité
les marais de St. Omer, et la plaine alluvienne de Dunkerque, d'Ebblinghem à Watten, à Looberghe, à Steene,
à Bergues et à Hondschoote. On a retiré sur la place de
Bergues des milliers de voitures de glaise qu'on a rem-
placée par du sable fin afin de faciliter l'écoulement des
eaux. Il existe aussi de larges affleurements de ce terrain
autour des montagnes de l'arrondissement d'Hazebrouck,
surtout dans les communes d'Esquelbecq, Bambecque,
Noordpeene, Zermezeele, Winnezeele, Steenvoorde, Godewaersvelde, Eecke, Flêtre, Boeschèpe et St.-Jans-Cappel.
La Hollebecque, qui passe à Winnezeele, coule sur la
glaise depuis sa source jusqu'à l'Yser. Il en est de même
de la Zimme-Becque et de l'Ey-Becque qui sépare le territoire français du territoire belge.

« On voit encore cette roche le long de la Peene de
Wormhout à l'Yser ; cette dernière rivière coule aussi
sur la glaise, près d'Esquelbecq et de Wilder. Enfin la
glaise est à découvert dans les tranchées de Steenwerck
à Bailleul, entre Strazeele et Hazebrouck, d'Hondeghem,
de Bavinchove, de Noordpeene, d'Arnecke, de Bissezeele,
de Socx et dans les communes d'Ebblinghem et de Renescure.

(1) On a trouvé à Merville de la craie à 87 mètres de profondeur.

« Les principales extractions de glaise yprésienne sont
ouvertes dans les communes de..... Merville, Bailleul,
Hazebrouck , Morbecque , Renescure , Steenwoorde ,
Wormhout, Lederzeele, Bollezeele et Rexpoede.

« Les terrains glaiseux sont généralement très-diffi-
ciles à cultiver à cause de leur ténacité, et la plupart sont
pour ce motif en nature de bois ou de prairies. Cependant ils peuvent donner de riches récoltes quand ils sont
convenablement préparés. J'ai souvent entendu dire par
des praticiens que le blé qui croît sur un sol glaiseux pèse
plus que celui qui a été semé sur une terre légère , et ce
fait peut s'expliquer par la plus grande proportion d'engrais que retient la glaise...

« On rencontre très-fréquemment à la surface du
Mont-Cassel un dépôt plus ou moins puissant de sable
mélangé d'argile, de glaise, de cailloux roulés et de fragments de grès ferrugineux qui souvent cache les terrains
sablonneux du sous sol, et provient de la destruction des
couches supérieures opérée par les eaux de l'époque di-
luvienne. Ce dépôt acquiert quelquefois jusqu'à 12 mètres d'épaisseur...

« La formation quaternaire (époque du deluge est
d'une haute importance au point de vue agricole , en ce
que d'abord elle comprend plus de la moitié du sol de la
Flandre , et aussi parce qu'en vertu de ses variations de
composition et d'épaisseur elle influe puissamment sur la
qualité des terres cultivables

« Les roches qui constituent le terrain quaternaire
sont des cailloux roulés, des sables et des argiles plus ou
moins sableuses...

• « L'argile jaune ou le limon superficiel des plaines de

la Flandre est exploitée en beaucoup de points pour la fabrication des briques. C'est un silicate d'alumine coloré par l'hydrate de fer et mélangé intimement de sable très fin en proportion variable dont on peut effectuer la séparation par le lavage. Cette argile est bien développée à Bollezeele et dans beaucoup d'autres communes...

« L'argile passe, à une faible profondeur, à une argile sableuse et souvent calcareuse à pâte fine jaune ou grise dans laquelle on trouve de petites concrétions calcaires semblables aux *septarias* de la glaise ; ces concrétions sont quelquefois très-abondantes et font éclater les briques lorsqu'il s'en glisse dans la pâte argileuse. Parmi les localités où cette argile sableuse existe à la surface du sol, on peut citer les environs de Terdeghem, de Crochte, les bords de l'Yser, de Bollezeele à la station d'Esquelbecq, et le territoire compris entre Oost-Cappel et Hondschoote. Dans presque toutes ces localités, l'argile sableuse fait effervescence avec les acides. Elle peut donc être mélangée avec avantage à la terre végétale, quand celle-ci ne renferme pas de chaux. Aux environs de Cassel, on la connaît sous le nom de *marne* et on s'en sert pour amender les terres trop argileuses ou trop sableuses. . . .

« Le sable jaune plus ou moins argileux qu'on rencontre surtout le long de la plaine de la Lys doit être aussi rapporté à la partie inférieure du limon, en égard aux caractères particuliers de son gisement. Ce sable est rarement parfaitement pur ; il est presque toujours un peu argileux, ne renferme presque pas de glauconie et fait suite au terrain à cailloux...

« En dehors des localités voisines de la vallée de la

Lys on peut observer le sable campinien dans plusieurs parties des arrondissements d'Hazebrouck et de Dunkerque, dont le sol toujours sec décèle son existence à très-peu de profondeur. Il existe des terrains sableux près de la frontière belge au nord-est de Boeschêpe, au hameau de *Drogelande* (commune de Winnezeele) qui signifie en flamand *terre-sèche*, dans la vallée de la Jole-Becque, dans celle de l'Yser, près de Wilder et de Bambecque, et entre Hondschoote et le canal de Furnes. On voit le sable jaune campinien dans une briqueterie près d'Herzeele, sous un mètre environ d'argile, et dans la tranchée du chemin qui monte de l'Yser à Bambêque où il est aussi recouvert par une couche d'argile de 1 mètre 50 c. à 2 mètres d'épaisseur.

« On trouve quelquefois dans le sable argileux du limon (tranchées du chemin entre Hazebrouck et Hondeghem), des concrétions ferrugineuses qui ont la forme de petites baguettes d'un centimètre au plus de diamètre, traversées, suivant l'axe, par un tube effilé de la grosseur d'une aiguille. Nous avons déjà eu occasion de remarquer des concrétions de cette nature dans l'argile sableuse grise et micacée du limon, et nous pensons que la liqueur ferrugineuse à laquelle elles doivent leur origine n'est que le résultat de la décomposition des pyrites dont il devait exister des débris dans les eaux diluviennes. Cette supposition est confirmée par un fait assez intéressant qu'il importe de citer ici, savoir : la présence en certains points, au milieu des sables argileux et des cailloux quaternaires, de cristaux prismatiques de gypse transparent, dont les arêtes assez vives indiquent que ces cristaux n'ont pas été roulés, mais qu'ils se sont formés dans les

points mêmes où on les rencontre.... Le gypse est connu
depuis longtemps des habitants de Bailleul qui le ra-
massent dans leurs promenades au Ravensberg et le gardent comme une curiosité... Il paraît qu'on en a trouvé
aussi à la traversée de la côte de Socx par le chemin de
fer de Dunkerque...

« Les cailloux se trouvent à la base du terrain quaternaire... Assez souvent ils sont enveloppés dans l'argile
grise compacte et micacée que nous avons signalée à Pé-
renchies et le long de l'Yser, de Bollezeele, à la station
d'Esquelbecq...

« Les galets de silex atteignent rarement la grosseur
du poing. Ils sont souvent de forme ovoïde, tandis que le
grès ferrugineux de la chaîne de Cassel et ceux de fer
carbonaté qui ont été détachés de la glaise se présentent
sous forme de plaquettes anguleuses à cause de leur
moindre dureté. Les silex n'ont pu être ainsi arrondis ou
usés à la surface sans avoir été roulés et ballottés un certain temps avant de se déposer...

« Les silex roulés sont exploités pour l'entretien des
routes. Une carrière importante est ouverte dans la commune de Bollezeele, près de l'Yser, où la couche de gravier atteint en certains points 6 mètres de puissance. On
lave les silex pour les débarrasser de l'argile et du sable
dont ils sont mélangés. Une autre carrière est située au
pont de la Kreulle, à 2 kilomètres au nord de Wormhout.
La couche de gravier, dans laquelle on remarque des
fragments de terre carbonate repose sur la glaise et à 3
mètres d'épaisseur. Elle est recouverte par 1 mètre de
sable argileux et calcareux et par 1 mètre d'argile et de
terre végétale.

« Il existe aussi du gravier sur les éminences de Pit-gam, Zegerscappel, Merkeghem, Volkerinchove, Watten, Lynde, Blaringhem, Wittes, Boeseghem, Morbecque, et autour des montagnes de l'arrondissement d'Hazebrouck.

« Au nord-est du village de Godewaersvelde, près de la frontière belge, un mamelon glaiseux est couvert de cailloux qui lui ont même fait donner le nom de *Steen-acker* (en flamand, champ de pierres).

« Le petit village de Strazeele est bâti sur le terrain à cailloux, les cours des habitations sont pavées avec des grès ferrugineux tirés sur les lieux mêmes.

« Au sommet du Ravensberg, près Bailleul, sur 250 mètres de longueur et 50 mètres de largeur environ, la surface du sol consiste en un sable rougeâtre mêlé de glaise avec des fragments de grès ferrugineux souvent très-abondants...

« On voit par ce qui précède que les débris qui exis-tent à la base du terrain quaternaire sont de natures très-variables. Il y a dans ce terrain un nombre assez res-treint de roches bien caractérisées ; mais ces roches changent d'une localité à une autre.. Il existe aussi dans les arrondissements de Dunkerque et d'Hazebrouck, sur-tout dans les plaines comprises entre Wormhout, Hout-kerque et Cassel, un terrain d'une nature particulière qui est connu dans le pays, sous le nom de *brouck* (en flamand, *marais*, marécages). Ces *broucks* ne sont autres qu'une terre glaiseuse dans laquelle il entre un peu de sable et qui est très-tenace et très difficile à travailler. Elle doit son origine au remaniement de la glaise opérée par les eaux de la période quaternaire...

« Il existe des alluvions modernes (ou post-diluviennes)

dans la vallée de la Lys et dans la plaine de Dunkerque. Elles comprennent des cailloux, des argiles de diverses sortes plus ou moins sableuses, quelques dépôts de minerais, de fer, de la tourbe et des sables... Entre Hazebrouck, Bailleul et Merville, c'est la glaise et les cailloux qui dominent...

« La plaine de Dunkerque est contigue à la mer et dirigée comme le rivage de l'ouest un peu sud à l'est un peu nord... Cette plaine, coupée normalement à sa longueur, a la forme d'un bassin dont le point le plus bas se trouve à 1 kilomètre 1/2 environ au nord de la station de Bergues. Ce bassin correspond au terrain tourbeux qui prend naissance entre le Fort-Louis et le Fort-Français et qui se développe de plus en plus vers le midi jusqu'au territoire de Socx, et de l'ouest à l'est, depuis la rivière d'Aa jusqu'à la frontière de Belgique...

« Les principales tourbières sont concentrées dans les communes, de Ghyvelde, Uxem, Teteghem, Warhem et Looberghe. Il en existe aussi dans la vallée de l'Aa entre Watten et Saint-Omer...

« Les dunes occupent sur les bords de la mer une étendue d'environ 1,900 hectares. On essaie de s'opposer à leurs envahissements en fixant le sable au moyen de plantations de luzerne, de petits peupliers, de hoyas, de genêts, de sapins, etc. »

Telle est la constitution géologique du coin de terre dont nous nous occupons et que nous verrons bientôt produire les plus riches moissons de France *.

---

* Pour plus de détails, nous prions le lecteur de consulter l'excellent ouvrage de M. Meugy, intitulé : *Essai de géologie pratique sur la Flandre française.*

PÉRIODE ROMAINE.

Du 1er au Ve siècle de l'Ère chrétienne.

Longtemps avant l'Ère chrétienne la Flandre maritime
était couverte de forêts aussi anciennes que le monde, et
de marais formés par les débordements de la mer et des
rivières. C'est ainsi que l'a dépeinte Jules César, le plus
ancien auteur qui en ait parlé : « *Continentesque silvas
ac paludes habebant,* I. VI ; *perpetuis paludibus silvisque
muniti,* lib. VIII. Au milieu de ces vastes marais se dé-
tachaient çà et là quelques îlots flottants, dont le dernier,
visible de nos jours à Clairmarais, s'est fixé il y a seulement quelques années (1).

---

(1) Pomponius Mela, lib. II, cap. 5, décrit ainsi ces îles flottantes : « *Salsulæ fons non dulcibus, sed salsioribus, quam ma*
rinæ sint, aquis defluens. Juxtà campus minuta arundini :

2

De là, les noms de marais, *Broek*, donnés à la plupart des villes et des villages flamands : Hazebrouck , Bourbourg *(Broucburg)* , Capellebrouck , Rubrouck , Saint-Pierrebrouck, Merville *(Meerghem* ou *Moerghem)* , rési-

___

gracilique perridis, cœterum stagno subeunte suspensus. Id manifestat media pars ejus , quœ abscissa proximis, velut insula natat, pellique se , atque attrahi patitur : quin et ex iis, quœ ad imum perfossa sunt, suffusum mare ostenditur. » — « Dans l'arrondissement d'Hazebrouck il existe, dit M. Dieudonné, entre Cassel, Hazebrouck et St-Omer, un marais connu sous le nom de *Clair-Marais*, qui n'a pu être encore desséché (1804), et qu'on peut regarder comme un étang. Son étendue est de 58 hectares 33 ares ; les eaux y sont tellement profondes qu'elles soutiennent à leur surface des îles flottantes, qui ont jusqu'à 96 mètres de superficie, et qui paraissent être des portions détachées des prairies contiguës aux prairies . Ces îles, sur lesquelles les bestiaux vont paître , se conduisent d'une place à une autre , au moyen d'une corde attachée à une ancre que l'on enfonce dans le gazon. »

Charles-Quint a visité ces îles flottantes de Clairmarais. Le poëte Simon Ogier, de Saint-Omer, a écrit à cette occasion les vers suivants :

Omnigenosque creas pisces, terrasque natantes
Quod nusquam invenias oculis mirantibus offers.
Nam ratium præstant usum, celeresque sequuntur.
Quo cupiunt homines et ducunt flamina cœli.
In quibus umbriferos saltus, atque arbore fœtus
Pendentes videas et candida lilia carpas,
Grataque purpureo ducas convivia Baccho
Et celebres festas hilarato corde choreas.
Has olim in terras, ne quis me fingere credat,
Carolus egregius Cæsar natusque Philippus,
Cum fessum bello pectus recreare volebant.
Sæpe dapes ferri jussere et pocula poni.

dence dans le marais , etc. Dans cet état des choses, les premiers travaux agricoles ont dû être nécessairement des travaux de desséchement, mais nous ne pouvons les constater avant le xi⁰ siècle. Au temps de César, les hommes de la Ménapie , toujours en guerre , s'occupaient médiocrement d'agriculture. et ils laissaient le soin de cultiver la terre aux femmes et aux vieillards. (César, liv. iv, c. 1, et liv. vi, c. 22).

Quoiqu'il en soit, à l'époque où Pline l'Ancien écrivait, l'agriculture paraît déjà avoir fait quelques progrès dans notre pays, et les auteurs latins nous apprennent que nos ancêtres connaissaient l'usage de la marne comme engrais (Pline , *Hist , natur.* , liv. xvii , ch. 6 et 18), et, comme amendement , celui de la chaux et de la cendre pour les terres fortes et humides (ch. 4). Ils connaissaient aussi la charrue à train, le coutre et la herse, dont ils se servaient pour couvrir les semailles (liv. xviii , ch. 8). « Les céréales que leurs champs produisaient, dit M Van Hassell , était l'orge (1) , le seigle (2) , le froment (3 , le millet (4), le sarrasin (5), et l'avoine (6). Ils les abritaient dans des granges, où ils les battaient (7) et ils les enfermaient ensuite dans des cavités pratiquées dans la terre (8 .

(1) Tacite , *Germ.* c. 23 ; Dion. Cass. lib. xlix , c. 3.
(2) Pline, lib. xviii, c. 40.
(3) *Ibid.* c. 12.
(4) Dion. Cass. *Loc. cit.* ; Pytheas apud Strabon, lib. iv.
(5) Pline, lib. xviii, c 94.
(6) *Ibid.* c. 94.
(7) Strabon, lib. iv t, l, p. 366.
(8) Tacite, *Germ.*, c. 16.

Sur leur territoire se complaisaient l'asperge (1) , le
chervis (2), la fève de marais (3), le raifort , qui atteignait parfois dans les terrains maigres et humides la
grosseur du corps d'un jeune enfant (4) , le lin (5) , le
pastel (6) et la jacinthe (7).

« Un grand nombre de plantes médicinales y fleuris-
saient aussi : la bétoine (8), la petite centaurée (9), la
tortelle (10), le selago et l'ancienne pulsatille, qui. cueillis avec certaines précautions superstitieuses , consti-
tuaient une sorte de panacée (11), l'herbe britannique ou
cochléaria qui croissait au bord de la mer et que les soldats de Germanicus employèrent pour se guérir du scor-
but (12), enfin deux sortes de verveine, qui servaient à des
pratiques de magie (13).

Parmi les arbres qui peuplaient les forêts on remar-
quait le chêne qui croissait même sur les bords de la mer (14)

---

(1) PLINE, lib. xix, c. 42.
(2) *Ibid.*, c. 28.
(3) *Ibid.*, lib. xviii, c. 30.
(4) PLINE, lib. xix, c. 26.
(5) *Ibid.* c. 1.
(6) *Ibid.* lib.xxii, c. 1.
(7) *Ibid.* lib. xxi, c. 26.
(8) *Ibid.* lib. xxv, c. 8.
(9) *Ibid* c. 6.
(10) *Ibid* lib. xxii, c. 25.
(11) *Ibid.* lib. xxiv, c. 11.
(12) *Ibid.* lib. xxv, c 111.
(13) *Ibid.* lib. xxv. c 9.
(14) *Ibid* lib xvii, c. 1. et 14. En creusant le sol des environs de Bergues, vers la mer , on trouve encore des chênes et
d'autres essences de bois enfouis au milieu de couches de sable
marin.

le hêtre , dont on se servait pour la fabrication du savon (1) ; le coudrier , qu'on employait pour faire le sel (2), le mélèze, sur lequel on recueillait l'agaric (3); le bouleau, d'où l'on tirait une espèce de bitume et dont on faisait des corbeilles et des cerceaux (4); le buis, qui atteignait une grande hauteur et qu'on plantait en guise de haies autour des champs (5) ; le saule (6) ; l'orme et l'if (7) , l'érable blanc (8) ; le sapin (9) et une grande quantité d'autres arbres septentrionaux , parmi lesquels nous devons énumérer encore le vaciet, qui donnait une couleur rouge employée à la teinture des vêtements des esclaves (10) , et le platane , dont les riches aimaient l'ombre et que les Romains frappèrent même d'une contribution spéciale (11).

« Nos ancêtres possédaient de nombreux troupeaux de vaches (12), de taureaux (13) , de moutons (14 et de chèvres (15). Ils avaient des porcs qui, distingués par la

---

(1) PLINE, lib. XXVIII, c. 12.
(2) Ibid. lib. XXXIX, c. 40.
(3) Ibid. lib. XVI, c. 8.
(4) Ibid. 18.
(5) Ibid. 16.
(6) Ibid. 27
(7) Ibid. 17.
(8) Ibid. lib. XVI, c. 15.
(9) CESAR, lib. V, c. 12.
(10) PLINE, lib. XVI. c. 18.
(11) Ibid. lib. XII, c. 1.
(12) Pactus leg. sal. ant. tit III, art. 4 seqq.
(13) Ibid. tit. III, art 7 seqq.
(14) Ibid. tit. IV, art. 1, 4, STRABON, lib IV p 358
(15) Pactus, ibid tit. V, art. 1 et 2.

grandeur de leur taille (1) et par l'excellence de leur
chair, dont les Romains firent même plus tard leurs dé-
lices (2), étaient renommés pour leur férocité (3). Il
recherchaient les beaux chevaux, et faisaient de grand
sacrifices pour s'en procurer du meilleur sang (4). Il
avaient aussi différentes espèces de chiens : des lévrier
(5), des chiens de bergers (6), des chiens de garde (7)
et d'autres qui étaient employés pour la chasse (8). Par
mi ces derniers, on estimait beaucoup les chiens loup
(9). Cependant les meilleurs venaient de la Grande-Bre
tagne, et on s'en servait aussi à la guerre (10), d'aprè
un usage commun aux Gaulois et aux Cimbres (11). O
en tirait d'autres du pays des Ségusiens et on les appelai
Vertragi, les rapides, parce qu'ils laissaient raremen
échapper un lièvre à la course (12). La Belgique en pro
duisait qui excellaient à dépister les sangliers (13). N'ou
blions pas de mentionner le peuple ailé de la basse-cour

(1) VARRON, *de Re rustica*, lib. II, c. 4.
(2) *Ibid.*
(3) *Ibid.*
(4) CÉSAR, lib. IV, c 2.
(5) *Pactus, leg. salic. tit. VI, art.* 4
(6) *Ibid. art.* 5.
(7) *Ibid. art.* 3.
(8) *Ibid. art.* 3.
(9) *Ibid. art.* 1.
(10) PLINE, lib. VIII. c. 40.
(11) STRABON, lib. IV, p. 363.
(12) ARRIANI *de Venatione libellus.* c. 2 et 3.
(13) SILII ITALICI. *Bell. punic.* lib. X.

les coqs (1), les poules (2) et les oies (3, dont on vit
les Morins, après la conquête, conduire des troupes tout
entières en Italie et même jusqu'à Rome (4). Sur les rivières cinglaient des escadrilles de cygnes (5), et on en
voyait également sur les étangs et sur les rivières (6). »

La nourriture des premiers habitants de notre pays
consistait en un pain fait de blé qu'on appelait *Brancé*
suivant Pline (7), le *blancé* des Wallons, puis en lait, en
fromage, en viande provenant de leurs troupeaux (8),
en fruits sauvages et en venaison nouvelle (9).

Les premières demeures du cultivateur flamand furent,
paraît-il, circulaires et n'avaient qu'une pièce ; les murs
étaient formés de solives et de branchages recouverts et
enduits de terre glaise de différentes couleurs, parmi lesquelles Tacite a remarqué avec étonnement une argile
rouge. Le toit était pointu et en jonc, l'aire de la chambre
en terre glaise durcie. Il est probable pourtant que les
maisons carrées et oblongues ont été connues de bonne
heure. On voit une cabane circulaire dessinée sur la co-
lonne trajane ; elle n'a point de fenêtre et ne reçoit d'autre
lumière que celle qui entre par la porte qui est, il est
vrai, assez élevée. Ces habitations sont nommées dans la

---

(1) *Pactus leg. sal.* tit. VII.
(2) *Ibid. art.* 7.
(3) *Ibid. art.* 6.
(4) FORTUNAT. VENANT. lib. VI.
(5) PLINE, lib. c. 22.
(6) *Ibid.* 47.
(7) *Ibid.* lib. XIX. c. 1.
(8) CÆSAR, lib. VI, 22.
(9) TACITE, *Germ.* 23

loi salique (tit. 14, c. 1.) et dans les capitulaires de Char
lemagne : *Screona, schranc, tugurium.*

Les Romains percèrent dans la Flandre maritime quatre
routes connues encore sous le nom flamand de *Steen-
straeten.* Ces chemins empierrés, quoique construits dans
un intérêt stratégique, ne furent pas sans utilité pour l'a-
griculture. Ils consistaient en un lit composé de chaux ,
de craie, de brique, de tuiles cassées , de terre franche ,
battues ensemble, ou même de gravier ou de sable et de
chaux mêlés à de la terre glaise. Ils suivaient presque
toujours, dit le docteur Batissier, une direction rectiligne,
et se prolongeaient le plus possible sur les plateaux, afin
d'éviter les terrains marécageux. L'une de ces voies ro-
maines partait d'Aire et aboutissait à Mardyck , par
Thiennes, Steenbèque, Sercus, Walloncappelle, Oxelaere
Cassel, Zermezelle , Ledringhem , Zegers-Cappel, Ekels-
beke, Crochte, Steene et Spycker.

Une deuxième , commençant à Arras , se prolongeait
par pont d'Estaires, Zud-Berquin, Nord-Berquin , Stra-
zelle , Castre , St Sylvestre-Cappel , Ste-Marie-Cappel
Cassel , Hardifort, Herzelle, Wylder, Westcappel, Hoy
mille, Teteghem et Leffrinckouke.

Une troisième venant de Thérouane et une quatrième
de Gessoriacum ou Boulogne, se rencontraient à Watten
où elles se séparaient de nouveau en deux branches
dont l'une, sous le nom de Chemin de Loo, confinait à cet
endroit , aujourd'hui en Belgique, en passant par les
points où se trouvent Millam , Looberghe , Drincham
Crochte, Sox, Quaedypre , Warhem, Hondschoote, Ley
sele, Gyverinchove et Polinchove ; et l'autre s'étendait
par Busscheure , Nordpeene , Wemarscappel , Cassel

Steenvoorde jusqu'au-delà de Poperinghe à Wervick (Belgique).

Cependant la domination romaine n'a jamais été acceptée comme un bienfait par ceux qui vivaient alors sur cette vieille terre de Flandre. Le paysan était écrasé par les impôts et les exactions des agents du fisc, par les vexations de tout genre. On se rendra compte des cruautés et des brigandages commis dans les provinces par les préposés de Rome à la perception des tributs payés en blé, en jetant les yeux sur le tableau que Cicéron en a tracé, avec une éloquente indignation, dans son troisième livre contre Verrès. Aussi, lorsque les Saxons, s'unissant à tous les hommes du Nord, agitèrent le drapeau de l'indépendance et de la liberté et formèrent la confédération des Franks, des hommes libres, pour chasser les hommes du Sud ou les Romains, le paysan de la Flandre les accueillit comme des libérateurs.

II.

•PÉRIODE SAXONNE.

Du Ve au XIe siècle.

En même temps que des Saxons envahirent la Grande-
Bretagne et y fondèrent la monarchie saxonne, une autre
fraction de ce peuple vint s'établir sur les côtes flamandes,
que les anciens auteurs ont nommées depuis *Littus saxo-
nicum*. Elle y importa ses croyances, ses mœurs (1), et
sa langue (2). Les Saxons étaient sortis de la Scandinavie;
une loi les forçait de s'expatrier tous les cinq ans pour
aller chercher des moyens d'existence sur des terres plus
fertiles. C'était ordinairement au printemps, *vere novo*,
qu'avait lieu cette émigration.

---

(1) V. *Religion du nord de la France avant le christianisme.*
(2) Des *Nibelungen*, sagas mérovingiennes de la Néerlande.

Une tradition scandinave, conservée dans l'Edda, nous apprend comment les cultivateurs saxons expliquaient leur origine : « Un jour, disent-ils, le Noble-Rig, cet Ase ou Dieu plein de force et de science, et aussi agile que vigoureux, marchait gravement par des chemins de verdure.

« Il suivait droit devant lui le milieu de la route, lorsqu'il rencontra une maison dont la porte était ouverte. Il entra... Sur le sol brûlait l'ardent foyer devant lequel était assis un couple adonné au travail.

« L'homme, pour tisser, préparait le métier. Sa barbe était peignée et son front découvert. Son habillement lui serrait la taille ; à terre était placé le coffre.

« La femme, à côté confectionnait une jupe, et du fil le plus fin préparait une toile. Elle avait la tête couverte d'un bonnet, au cou lui pendait un bijou ; un fichu cachait son sein et un lacet lui serrait l'épaule. Afe et Amma étaient dans leur propre maison.

« Rig sut faire goûter ses conseils à ses hôtes. Il se leva de table, désireux de dormir, et se coucha avec eux au milieu du lit, ayant à sa droite et à sa gauche les deux époux.

« Il demeura trois nuits; puis neuf lunes s'écoulèrent. Amma guérit ; l'enfant fut lavé, et reçut le nom de *Karl*. La femme l'emmaillota ; il était rouge et frais, et ses yeux étaient brillants.

« Il grandit et prospéra. Alors il dompta les taureaux, prépara le soc, construisit des maisons, éleva des granges, fit des chariots, laboura les champs.

« Entra dans la ferme, les clefs suspendues à la ceinture et vêtue de peaux de chèvres, la fiancée de Karl, qui , saluée du nom de Snor (bru) , s'assit couverte du voile. Ils cohabitèrent comme époux , et échangeant les anneaux , étendirent leur lit et bâtirent une demeure...

« D'eux descend la race des Karls ou des paysans(1). »

Nous n'avons pu nous procurer des renseignements sur les connaissances agricoles des Karls saxons de la Flandre française , mais nous pouvons nous en faire une idée en recueillant ceux que nous fournit l'histoire d'Angleterre sur l'agriculture anglo-saxonne. « Suivant les lois d'Ina , roi des West-Saxons , dit le ministre anglais Robert Henry (traduction de Boulard) , une ferme composée de dix hides, devait payer le loyer suivant, savoir: dix barils de miel, trois cents pains , douze barils de fort ail, deux bœufs, dix belettes, dix oies, vingt poules, dix fromages, un baril de beurre, cinq saumons, vingt livres de foin et cent anguilles.... Dans quelques endroits, ces fermages étaient payés en blé , en seigle , en avoine, en drèche, en fleur de farines, en pourceaux, en brebis, etc., suivant la nature de la ferme ou l'usage du pays... »

Les Anglo-Saxons labouraient , semaient et hersaient leurs champs ; mais, comme toutes ces opérations étaient faites par de malheureux esclaves, qui prenaient peu d'intérêt à leur succès, si même ils en prenaient aucun, nous pouvons être certains qu'elles étaient exécutées superficiellement et d'une manière peu convenable ; leurs charrues étaient même très légères et n'avaient qu'un manche, comme celles dont se servent actuellement les habitants de Shethland...

---

(1) Nous avons emprunté à M. de Ring cette traduction d'un passage de la *Rigsmaal-Saga.*

Les Anglo-Saxons paraissent n'avoir pas eu de meilleur moyen pour convertir leur grain en farine, que de se servir, pour le moudre, de moulins à main qui étaient tournés par des femmes. Ina fit plusieurs lois sévères pour faire enclore les terres labourables, et régler la portion de terre qui devait être laissée en labour, lors du départ du fermier. Les terres appartenant aux moines étaient beaucoup mieux cultivées que les autres, parce que les chanoines séculiers qui les possédaient, employaient une partie de leur temps à cultiver leurs propres terres. Le vénérable Bède nous dit dans sa *Vie d'Easterwin*, abbé de Wérémouht : « Que cet abbé, étant robuste et humble, « était dans l'usage d'aider ses moines dans leurs travaux champêtres, tantôt conduisant la charrue avec son « manche, tantôt vannant le grain, et tantôt forgeant « des instruments d'agriculture avec un marteau, sur une « enclume. »

Les hagiographes et les poëmes du moyen-âge dépeignent les paysans saxons comme des gens superstitieux et féroces (1). On lit en effet, dans la vie de St. Ursmar, qu'au VIIe siècle ils se révoltèrent et se livrèrent à des actes de cruauté à Blaringhem, à Strazeele et aux environs de Bergues. Il fallut tout le dévouement des apôtres du christianisme pour adoucir des mœurs si barbares. On vit alors de saints missionnaires prêcher l'évangile dans la Flandre maritime et y fonder des chapelles et des monastères : saint Willebrod à Gravelines, saint Vaast à Es-

---

(1) V. notre livre sur *la Religion du nord de la France avant le christianisme*.

taires, saint Winoc à Bergues et à Wormhout, saint Vul-
mare à Eecke, saint Maurant à Broïle (Merville) , saint
Momelin au village qui porte son nom , saint Folquin à
Eskelbèque, saint Éloi à Dunkerque et à Hazebrouck.

On vit alors, autour de ces chapelles et de ces monastères élevés par ces courageux ouvriers de Dieu, les bois
s'éclaircir et les marais se dessécher et devenir des champs
fertiles. Déjà une charte de 814 mentionne une ferme située au pied du Mont-Cassel : *Villam prœterea mekeram
cum appenditiis et cambo apud Catisletum* (1).

Eginard, le secrétaire de Charlemagne, a laissé, dans
une lettre adressée aux moines de Blandinium , à Gand,
d'intéressants détails sur les produits des fermes à la fin
du IXe siècle et sur le mode de paiement des fermages à
cette époque : « Dans les fermes situées près du monastère, se trouvent des terres soumises au droit de seigneurie où l'on peut semer quatre vingt-quinze muids, un pré
où l'on peut récolter cinquante charretées de foin , une
terre où l'on peut semer tous les trois ans quinze muids
d'avoine.

« Foderik a une ferme à Dodonet; il doit vingt pains
trente pintes de bière, un porc , un tiers de livre de lin ,
une poule , cinq œufs , un muid d'avoine. Il payera la
première année, deux sous à l'époque de la vendange ; la
seconde année, deux sous au temps de la moisson, et ne
sera tenu la troisième année d'aucun paiement, afin qu'il
puisse tisser un vêtement.

« Nording doit trente-quatre pintes de bière , et le
reste du service de la même manière.

---

(1) Mémoire de M. Schayes sur le *Castellum Menapiorum.*

« Dans le Fleanderland se trouve un marais ; on y
• paie le cens du fromage et vingt-cinq sous en argent. Là
vivent cinquante membres des gildes, dix-huit jeunes colons attachés aux terres et sept jeunes filles.

« Le village de Somerghem, que Walfrid a donné, doi
vingt pintes de bière. Héribert et Bertrade ont fait don
de leur propriété de Brakel ; Wigbert a donné son bien
de Bacceninghem, situé près de l'Escaut ; Sigobert, son
bien de Wilde, qui n'est soumis à aucun droit de seigneurie ; Engelram a donné une habitation dans l
Fleanderland (1). »

Charlemagne soumet aussi les forêts à une adminis-
tration régulière : « Nous voulons, porte un capitulair
de l'an 800, que nos forêts soient bien surveillées, et s
quelque lieu convient à un défrichement, que nos forestiers le fassent exécuter et qu'ils ne laissent point le
bois envahir nos champs. Là où les bois ne peuvent êtr
supprimés, qu'ils ne permettent point qu'on les coup
trop fréquemment. Ils doivent aussi garder avec soin le
bêtes sauvages qui se trouvent dans nos forêts et entre
tenir des faucons et des éperviers pour notre usage (2).

Le même capitulaire défendait encore sous des peine
sévères de conduire des troupeaux dans ces domaines.

Mais la fureur des Normands vint arrêter les progrè
de l'agriculture ; la torche incendiaire fut promenée dan
les champs de la Flandre, tout fut dévasté. Un des chef

_____

(1) Histoire de Flandre, par Kervyn de Lettenhove, T. 1
p. 131.
(2) Ibid. p. 119.

de ces pirates. Ragnar Lodbrok, à la vue de cette dévastation et de ces ruines, a exhalé sa joie sauvage dans un chant qui a traversé les siècles :

« J'étais encore jeune lorsque vers l'Est nous donnâmes aux loups un repas sanglant, et aux oiseaux une pâture, quand notre rude épée sonnait sur le heaume. Alors on vit la mer s'enfler, et le corbeau marcha dans le sang...

« Nous avons frappé avec le glaive ! Bien périlleux a été le combat dans les champs de la Flandre, jusqu'à ce que survint le roi Freyr. L'acier teint de sang a transpercé l'armure d'or de Hogni. La vierge pleura le combat du matin, car les loups eurent de quoi se nourrir (1). »

Les invasions des Normands et la famine qui les suivit furent les malheurs qui signalèrent les dernières années du Xᵉ siècle ; ils parurent les précurseurs de la fin du monde annoncée pour l'an mille. « Les tempêtes arrê-
« taient les semailles, les inondations ruinaient les mois-
« sons. Pendant trois années ; le sillon resta stérile ;
« l'ivraie et les mauvaises herbes couvraient les champs.
« Les riches étaient pâles de faim comme les pauvres :
« les hommes puissants ne trouvaient plus rien à piller
« dans cette misère universelle. Je ne puis sans horreur,
« exposer les crimes des hommes ; une faim horrible les
« poussait à se nourrir de chair humaine (2) »

Tel est le tableau que nous a laissé de cette époque la chronique de saint Bavon.

---

(1) Voir *Lettres sur l'Islande* par Marmier, et mes *Chants historiques de la Flandre*.

(2) Rad. Glab. L. IV. ch. 4 et chr. saint Bav. 989, cités par Eeneus.

III.

PÉRIODE FLAMANDE.

Du XIe au XVIe siècle.

Avec le commencement du XIe siècle, le cultivateur flamand renaît à la vie. Il construit ses maisons et ses temples avec plus de solidité : son champ est mieux cultivé. Aussi l'évêque Gervais de Rheims écrivait-il au comte de Flandre Baudouin-le-pieux : « Que dirai-je de l'affluence des diverses richesses que le Seigneur a voulu t'attribuer, par droit héréditaire, à un si haut degré qu'il est peu d'hommes qui puissent t'être comparés à cet égard ? Que dirai-je des efforts persévérants par lesquels tu as si habilement fécondé un sol qui, jusqu'alors inculte, surpasse aujourd'hui les terres les plus fertiles ? Docile aux vœux des laboureurs, il leur prodigue les fruits et les moissons, et les prés se couvrent de nombreux trou-

peaux. Raconterai-je que tes peuples te doivent le don du
vin qui leur était inconnu ? Afin que rien ne manquât aux
habitants de tes provinces , tu parvins à apprendre au
cultivateur à cultiver la vigne , de sorte qu'après avoir
longtemps ignoré ce qu'était le vin , il préside aujour-
d'hui aux travaux des vendanges. Qu'ajouterai-je sur tes
autres trésors, sur tes joyaux et tes vêtements précieux ?
Tout ce que le soleil voit naître, dans quelque région ou
sur quelque mer que ce soit, t'est aussitôt offert, ô prince
Baudouin, et puisse-t-il pendant longtemps en être ainsi,
puisqu'il n'est personne plus digne que toi de posséder
ces biens (1) »

En ce temps s'introduisit un droit qui, tout en parais-
sant attentatoire à la liberté individuelle, contribua néan-
moins au développement de l'agriculture flamande. Les
souverains de la Flandre donnaient les terres à défricher
à quiconque s'obligeait à ce travail. Mais en faisant une
donation toute gracieuse, ils imposaient au donataire une
condition rigoureuse; c'était de ne plus abandonner cette
terre qu'il avait défrichée , ce champ qu'il avait cultivé ,
sous peine de payer une amende, évaluée au dixième de
la valeur de ses biens meubles et immeubles. Cet impôt
est connue dans les anciennes coutumes du pays sous le
nom de *droit d'issue*. On n'en connaît pas la charte d'ins-
titution, mais celle de Louis de Mâle en date du 2 juin 1365
et celle de Philippe de Bourgogne datée du 7 mai 1393
en font mention. Ce droit, né dans les territoires de
Furnes, Nieuport, Bruges, Dunkerque, Bergues et Bourbourg, attacha le flamand au sol qui l'avait vu naître.

_____

(1) *Belgisch museum*, iv. p. 172. Cité et traduit *par Ecnens*.

En 1067, le comte Baudouin de Lille fit au monastère de saint Winoc, à Bergues, une donation qui fut très favorable à l'agriculture. Aubert le Mire en a conservé le texte dans ses *Opera diplomatica*, tom. 1. p. 511 : « Je donne, dit le prince, toute la dîme de Wormhout, d'Ypres, de Warhem, d'Hoymille, de Ghyvelde, d'Uxem, de Dunkerque, de Coudekerke, de Synthe, de Spycker, d'Aremboutscappel, deux parts de toute la dîme de Socx, de Bierne, de Bissezeele, de Steene, de Teteghem, de Killem, d'Oudezeele, d'Houtkerke et de Snellegerikerke ; cinq cents manses de terre à Wormhout, toutes les dunes aux alentours de Synthe, y comprises les terres qui deviendront arables par suite de l'éloignement de la mer, cent manses de terre autour du monastère de saint Winoc, du côté de l'Est ; l'ancien bourg avec ses dépendances, qu'il faut distinguer de Bergues ; la terre dite du Groenberg, le tout à l'usage des religieux de saint Winoc. Et s'il se trouve quelque terre inculte autour du susdit monastère, il est permis à ce monastère de se l'approprier sans nulle contestation, avec tout ce dont pourraient s'accroître les susdits villages par le dessèchement des marais ou par l'éloignement de la mer.

« Je lui donne le produit du Tonlieu qui sera perçu à Wormhout, depuis la sixième heure de la veille de la Pentecôte jusqu'à la sixième heure du second jour férié ; la petite rivière de la Peene avec sa pêcherie dans l'étendue des terres du susdit monastère et son moulin à eau ; de sorte qu'il n'est permis à personne de se servir dudit moulin à eau de Wormhout sans l'autorisation de l'abbé. (1) »

(1) V. mes *Recherches historiques sur la ville de Bergues.*

Quelques années après , en 1085 , Robert le Frison
donna à l'église collégiale de Saint Pierre, à Cassel , les
deux tiers de la dîme de cette paroisse, des terres à Flêtre
et à Betsingele (Bissezeele ?), six bergeries à Bercles
dans le territoire de Furnes , ainsi que la terre d'Hout
kerke. Le même comte donna en 1093 à Bernol , prévô
de Saint Nicolas, à Watten , une terre appelée Menclanc
et Gosselant, près de Looberghe.

Avec les progrès agricoles, la vie devint plus facile e
le bon goût se développa. Un charpentier de Bourbourg
nommé Lodewic , construisit vers 1094 , à la demande
d'Arnoul d'Ardre, une maison d'une architecture très-re
marquable. Elle était faite de bois et d'autres matières
mais avec tant d'art, qu'elle surpassait en beauté le reste
des maisons de la Flandre. Elle était de trois étages; il y
avait cave sur cave, chambre sur chambre, logis sur logi
pour les étrangers, celliers , greniers , une chapelle à la
partie supérieure du côté du levant, et enfin des galeries
suspendues l'une au dessus de l'autre. Le premier étage
était sur terre , et là se trouvaient la cervoise , le grain
les vases, les cuves, les barils et autres ustensiles de mé
nage. Le second était occupé par les personnes de la mai
son ; là étaient aussi l'office et le garde-manger , la
chambre à coucher du maître du logis et de sa femme
à laquelle étaient contiguës la garde-robe et la chambre
des enfants.

Tout près de là , était un certain refuge où l'on faisai
du feu soir et matin, où l'on se retirait soit dans les mala
dies, soit à l'époque des saignées, soit pour prendre de
bains , soit pour chauffer les petits enfants lorsqu'il
avaient pris le sein. Une cuisine touchait à cette pièce, c

au-dessous de cette cuisine était un réduit réservé aux porcs, aux oies, aux chapons et autres volailles. Enfin, au troisième étage, étaient les chambres à coucher des enfants ; là aussi étaient toujours prêts des appartements pour le repos de ceux qui faisaient le guet et avaient la garde de la maison. Un escalier conduisait à toutes ces pièces qui débouchaient sur une galerie, d'où l'on se rendait à la chapelle en passant par une antichambre garnie de sièges et propre à la conversation (1).

Ce même Louis de Bourbourg fut probablement l'architecte de l'abbaye que fonda dans cette ville en 1102, Clémence de Bourgogne, épouse de Robert de Jérusalem, comte de Flandre, et qu'elle dota de biens considérables, parmi lesquels se trouvait la terre de Baudouin Eescard de Bollezeele.

En l'an 1107, un moine quittant les terres fertiles du Berry, traversait la France et venait aux extrémités de la Flandre, au bord de l'Océan, ensevelir son existence dans la solitude et l'oubli des hommes.

Une chaîne de collines sablonneuses, arides, constamment battues par le vent et les flots, sépare la ville de Dunkerque de celle de Furnes en Belgique. Ce fut là, au milieu de ces sables, dans ces dunes, pour me servir du mot propre, que le pauvre religieux se construisit une cellule pour prier et vivre dans l'intimité de Dieu.

Bientôt le bruit se répandit qu'un solitaire vivait là saintement. Poussés par la curiosité, quelques jeunes gens allèrent visiter l'ermite. A sa vue, l'amour divin em-

---

(1) Voir chronique de Lambert d'Ardre, ch. 127.

brâsa tous les cœurs ; ils furent épris d'admiration pour
cet homme qui savait mourir au monde pour ne penser
qu'au ciel. Ils demandèrent à rester près de lui comme
des enfants soumis à un père ; cette faveur leur fut accordée , et l'humble cellule se transforma peu à peu en
un monastère , qui devint à son tour une riche et floris-
sante abbaye.

Comment cela arriva-t-il ? Par le travail des religieux
et les libéralités des princes. Un siècle s'était à peine
écoulé depuis la fondation du couvent des Dunes , que
l'abbé Nicolas de Bailleul s'écriait : *Ecclesia de Dunis
est quasi mons argenteus.* En effet , il avait alors autour
de lui cent vingt moines et deux cents quarante frères
convers, qui tous, plein de zèle et d'activité, s'adonnaient
aux travaux les plus variés. Les uns, cultivateurs , cher-
chaient à fertiliser les sables et les ensemençaient , les
autres étaient charpentiers, forgerons , tisserands. Enfin,
les comtes de Flandre, et notamment Philippe d'Alsace,
leur donnèrent les Moëres à dessécher , — vaste marais
situé entre Furnes et Bergues,—et la direction des écluses
établies sur les territoires de Furnes et Nieuport (v. *Opera
diplom. Auberti Mirœi*, t. 111, p. 61 et t. IV , p. 211).

Heureuse combinaison ! Les dunes avaient besoin d'eau
pour produire , les Moëres devaient être desséchées pour
être livrées à la culture. Il n'y avait donc qu'à conduire
l'excédant des eaux du marais dans les sables qui en
manquaient, et l'équilibre était rétabli. C'est ce que les
religieux comprirent parfaitement et le succès leur a
prouvé qu'ils ne s'étaient pas trompés. En un mot , l'abbaye remplissait les fonctions d'une commission adminis-
trative d'irrigation et de dessèchement.

L'eau des Moëres a fait naître l'herbe dans les dunes,
car avec de l'eau on fait de l'herbe, dit un proverbe alle-
mand. L'herbe a appelé les bestiaux, les bestiaux ont
donné de l'engrais, et, comme l'engrais engendre les
moissons les plus riches, la fortune est entrée dans l'abbaye, à tel point qu'un historien fait remarquer le luxe et
les dépenses excessives des abbés en 1265.

Vers la même époque, un autre moine se retira au
mont d'Escouffles, colline couverte alors d'un bois épais,
connue aujourd'hui sous le nom de Mont-des-Récollets.
Ce moine s'appelait Gerwin, et était flamand d'origine.
Après avoir été religieux de Saint-Winoc à Bergues et
abbé d'Oudenbourg, il alla vivre en reclus à l'ombre de
cette colline près Cassel, dans un lieu nommé Coffort, et
y édifia une petite chapelle.

Cet oratoire se changea bientôt en un couvent de religieux qui ne furent pas inutiles à l'agriculture. En effet,
nous lisons dans une requête présentée en 1613 à l'ar-
chiduc Albert et à l'infante Isabelle, « qu'il y avait de
temps immémorial sur le territoire du mont Decouffle,
appartenant à leurs altesses, un hermitage avec trois
cents d'héritage ou environ pour la subsistance de l'hermite y ayant sa résidence, et comme depuis aucunes années a esté erigé sur ledit héritage quelque chapelle et y
establi quelque congrégation de pères hermites, iceux
pour subvenir à leur nécessité journalière et très urgente,
veu l'augmentation de leur dite congrégation pour le
maintien et accroissement de laquelle remonstrent et
trouvent nécessaire d'avoir encore cinq cents dherita e
ensemble 15 pieds d'héritage du fonds du bois susdit à
l'environ desdits trois cent qui pourraient garantir en par

tie la demeure d'iceux remonstrants à la violence des vents impétueux, etc. »

En 1160, les cultivateurs de Berkin et de Steenwerk reçurent du comte de Flandre pour leurs terres et leurs personnes, les mêmes priviléges que leur avait auparavant concédés le comte Robert, savoir : « Ils doivent être libres de toute œuvre servile et ne pas aller à l'armée.

« Personne ne pourra leur rien demander de la part du comte, qu'il soit mayeur, forestier ou châtelain.

« Ils pourront se choisir un ministre qui leur administrera la justice en présence du sénéchal du comte.

« Si ce ministre gouverne injustement, ils auront la liberté d'en élire un autre.

« Si le châtelain ou autre envoyé de la part du comte les opprime, ils pourront en appeler.

« Ils seront tenus de payer le bois qu'ils iront chercher dans la forêt pour faire du feu ; mais si les habitants en ont chez eux, le forestier ne pourra les inquiéter.

« Si les bestiaux vont paître dans la forêt, les habitants paieront la valeur des herbes consommées. »

En 1169, Philippe d'Alsace ordonna des travaux qui eurent les meilleurs résultats pour l'agriculture. Il y avait alors, entre Watten et Bourbourg, un vaste marais de la contenance de sept-cent cinquante huit hectares. Il étendait au loin un limon inaccessible et se refusant aux usages humains. Le comte le fit transformer en une terre fertile et labourable, entreprise qui coûta beaucoup d'argent, de fatigue et de sueur : *Feci sumptibus meis cum expensa multi sudoris*, est-il dit dans la charte de donation. Cent-trente-deux hectares de ce terrain desséché avaient d'abord été donnés à titre d'inféodation à plusieurs de ses sujets , mais le prince les racheta pour les donner avec le reste du marais aux chanoines d'Aire. Il est aussi fait mention dans cet acte important d'un moulin à eau, que le comte dit avoir fait construire à Watten, *tractus navium* , qui ne peut être autre chose , dit M. Dieudonné , que la Colme. Ce canal, qui est un embranchement de l'Aa, reçoit les eaux d'une foule de petits ruissseaux , dans son cours de Watten à Furnes , et les déverse dans d'autres canaux qui se dégorgent dans les ports de Dunkerque et de Nieuport.

Quatorze ans après ces immenses travaux , le même comte Philippe d'Alsace, qui venait de donner les terres nouvellement desséchées de Loon à l'abbaye de Clairmarais, fit creuser en 1183 le port de Gravelines et exempta du droit de tonlieu les habitants de Bourbourg pour toutes les marchandises qu'ils y amèneraient ou rapporteraient sans avoir été vendues. Il confirma aussi les donations qui avaient été faites à l'abbaye de St.-Winoc à Bergues de la dîme de Spycker, de celle de Warhem, de cent mesures de terre à Steene et de cinq cents mesures à Wormhout. Enfin , il donna son bois de Wulverdinghe à l'abbaye de St.-Bertin en échange d'autres biens et fit construire en 1190 un moulin à eau sur la Lys, au village de la Gorgue.

Guillaume-le Breton, dans sa *Philippide*, expose l'état de l'agriculture flamande sous Philippe d'Alsace, et l'énonce en ces termes :

« Les Flamands jouissent en abondance de trésors et de biens de tout genre ; ce peuple se nuit à lui-même par ses discordes intestines Il se nourrit modérément, fait peu de dépenses et boit avec sobriété. D'une taille bien prise,

beau de formes , d'une chevelure brillante , doué d'un
teint blanc et d'un visage coloré, il s'habille avec grâce.
Le pays qu'il habite est riche en criques et rivières pleines
de poissons, et tellement défendu par des fossés, qui en-
trecoupent les routes, que l'accès en est difficile à l'enne-
mi, de sorte qu'il ne manque point de sécurité, quand il
évite les guerres civiles. Ses champs lui prodiguent les
céréales et ses vaisseaux les marchandises étrangères,
tandis que ses troupeaux lui fournissent le lait et le beurre,
la mer ses poissons et les marais desséchés des aliments
pour ses foyers. On y trouve, il est vrai, rarement des bois
et nulle part la vigne, mais le travail donne aux flamands
une boisson, faite d'eau et d'orge, qui supplée au vin. »

En 1266 , le comte Arnoul de Guines établit un couvent de Guillelmites à Eringhem, dans le canton de Bergues , et leur donna sa terre de Nieuland , dont le sol
était inculte et glaiseux. Les moines la cultivèrent et pros-
pérèrent , à ce point qu'ils purent fonder de nouvelles
maisons à Oudezeele et à Nordpeene , dans le canton de
Cassel.

Des travaux de desséchement entrepris par Philippe
d'Alsace, date une ère nouvelle pour l'agriculture flamande.
Les terres devenant fertiles acquirent plus de valeur, et
des chartes des XIIIe, XIVe et XVe siecles nous apprennent
combien elles rapportaient céja à leurs seigneurs ou pro-
priétaires : l'église de Saint-Bertin , à Saint Omer , devait à la sei neurie de la châtellenie de Bourbourg pour
la grange ou métairie de Watergam , dix-huit rasières
d'avoine et six rasières d'orge par an, grande mesure, —
celle de Saint-Nicolas pour une terre sise en la pa oisse
de Loon un porc, treize sous et onze poids de fromage; la

maierie de Loon une rasière et un agneau de vingt deniers ; celle de Craywic une rasière ; un agneau de vingt deniers ; la vicomté de Loon vingt sous ; celle de Craywick dix sous. « A Bourbourg , dit M. Lepreux , les « chiefs de monseigneur le castelain » lui devaient tantôt « serviche de wans » (oies) , tantôt « serviche de lanches , de glines (poules) ou de capons. » Ordinairement on ne devait qu'un de ce: animaux, quelquefois une paire pour l'homme et une paire pour la femme. Quant aux « aieuwes » ou ayant cause, ils appartenaient au « chief » et ne sont cités que pour mémoire , car ils ne devaient rien au « castelain. » Mais celui-ci ne se contentait pas toujours d'exiger de ses « kiefs » des wans, des lanches, des glines ou des capons. » On le payait souvent à beaux deniers comptants en y ajoutant des offrandes plus ou moins spontanées à « Paske et à Noël ensi ke li livres enseigne » ; ou bien on lui donnait des rasières de « fourment et d'avaine, » des « pois de burre et de fourmage,» pour sa consommation. Ainsi les « kiefs du Woistinelant» qui avaient 335 mesures, 3 quarts et 69 verges rendaient une rasière « d'avaine » par mesure, ceux du Hollandt rendaient par chacune cinq mesures un porc de quinze sous et six quarts d'avoine grande mesure ; le mestier Noidin Cortine rapportaient ensemble 20 livres, 9 sous , 3 deniers , et de plus 226 glines à 5 deniers « le pièche » si contre « li recheveres. »

« Le mestier Williaume-le-Brun » était certainement celui qui payait au seigneur les plus grosses redevances; voici la récapitulation qu'on donne le scribe de la châtellenie:

« Somme de le devant dite rente de tout le fourment

dou devant dit mestier , xxxviii rasières un quart main
le sisime part d'un quart grande mesure.

« Somme de tout le fourment dou devant dit mestie
xlix rasières et quart un provendier petite mesure. Si es
à savoir ke li petite rasière sient mains ke li grande le w
time part.

« Somme de toute l'avaine dou devant mestier 29
rasières pour le mesure de Saint-Pol.

« Somme de tout le bure dou devant dit mestier x poi
vii coupes.

« Somme de tout le fourmage dou devant dit mestie
xxxvi pois mains (plus) 2 livres. Si est à savoir ke autan
li poise (pèse) et li coupe de bure et li pirre de fourmag
tienent ou mestier Noidin Cortine tienent ils en cesti mes
tier , et tout au tel usage et commandement de livre
avaine , fourment et au teles conditions et usages de fri
(fournir) le caup dou pris d'avaine , de fourment , de bur
et de fourmage ke on tient ou mesiier Noidin Cortine
tient ou en cesti mestier.

« Somme des pourcheaus de tout le mestier devant di
x, se vaut chacun xii sous, ne hauche on kes ne abaisse
si montent en deniers vi livres et x sous, mais il est à sa
voir que a chascun porc ensient une paire de capons k
sans hauchier ni abaissier vaut xiv deniers si montent e
argent xi sous et viii deniers. Encore scient il à chascu
porc xx deniers et six quarts d'avaine, mais li avaine es
sommée en la grande somme d'avaine devant dite. (1)
Michel de Boulers, connétable de Flandre, ayant reçu

---

(1) MS. du XIIIe siècle, de la Bibliothèque de Bourbourg

en échange de la châtellenie de Cassel ec qui appartenait à Jeanne, comtesse de Flandre, au territoire de Bruxelles, abandonna en 1219 à l'abbaye de Saint-Bertin le droit de chasse et de garenne qu'il avait dans le bois que Philippe et Baudouin de Flandre lui avaient donné.

En 1232, Fernand et Jeanne, comtesse de Flandre, exemptent les habitants de Bollezeele de toutes tailles, exactions, redevances et forfaits ; —par lettres du 7 septembre 1244, l'abbesse et les religieuses Bénédictines de Bourbourg déclarent qu'elles ont le droit de faire des digues entre la mer et le lieu appelé Fresdick sur leur tenement, toutes les fois que leurs hommes le trouveront nécessaire ; —la même comtesse Jeanne donna par lettres du 18 mai 1220, à Mathieu de Meteren et à ses hoirs cinquante hœuds de froment et deux cents-treize hœuds d'avoine dure à recevoir tous les ans sur les hôtes du Coudescure, de la même manière que ceux-ci les payaient au comte Philippe d'Alsace ; —la même année, le prieuré et le couvent de la Fosse déclarent que si la comtesse Jeanne ne fait pas bâtir un couvent à La Gorgue, elle rendra le personnat de l'église de cette ville, trois meucaudées, trois quartiers de prairies, et quatre mencaudées de terre labourable qui lui avaient été donnés par l'avoué de La Gorgue ; —le 9 mai 1228, le comte Ferrand et Jeanne sa femme reconnaissent avoir donné à Rodolphe de Rodes, en échange de la terre, située près de Nieppe, tout ce qu'ils possédaient à Melle, Gontrodin et d'autres villages situés aujourd'hui en Belgique ; — en 1245, la comtesse Marguerite fonda le prieuré de Nieppe et lui donna le manoir et la maison qu'elle possédait dans ce village où elle faisait sa résidence, ainsi que toutes les terres, rentes et autres revenus qui en dépendaient, plus la haute, moyenne et basse justice sur ce territoire. La princesse ordonna par sa charte de fondation à tous ses officiers de défendre et protéger les prieur et religieux du couvent, leurs domestiques et leurs familles, leurs biens meubles et immeubles, les rentes, dîmes et revenus provenant du prieuré. Comme le curé de Nieppe était le vicaire du couvent, le couvent lui devait pour son service six rasières de blé froment, six rasières d'avoine, grande mesure de Bailleul et la sixième part de la dîme vive. Quiconque vendait vin, bierre ou cervoise sous la juridiction de la seigneurie du prieuré était tenu de lui payer deux lots d'afforage, par pièce grande ou petite.

En juin 1246, Henri de Hazebrouck, se déclara homme-lige de Robert, comte d'Artois, pour 40 mesures de terre sises à Hazebrouck, dont 28 lui appartenaient et 12 étaient tenues de lui par quatre vassaux, et reconnut que le comte lui avait donné 20 mesures de terre à Werdrek dans la paroisse de Rubrouck, à charge de tenir le tout en un seul hommage-lige du comte d'Artois.

La comtesse Marguerite donna, en 1248, à l'abbesse et au couvent de Beaupré, près La Gorgue, la permission de faire paître cinq vaches sans aucune reconnaissance.

Par un accord, conclu la même année dans l'octave de la Purification de la Vierge, entre le comte Guy et Elisabeth, dame de Moriaumez, il a été convenu que cette dame aurait pour son domaine la maison et la ville de La Gorgue avec toutes ses appartenances, hommages terres, prés et bois, excepté le bois coupé dans les forêts.

En juillet 1259 la comtesse Marguerite assigna au fils

de Jean de Dampierre 500 livrées de terre à Nieppe pour
en jouir seulement après sa mort, et l'année suivante,
elle permit à Baudouin de Bailleul, maréchal de Flandre,
de tenir en accroissement de fief dix livrées de terre et
quatre hommages à Ledringhem.

En 1265, la princesse reconnut que les doyen et chapitre de Saint-Amé avaient joui anciennement de la ville
de Merville au-dessous des alleux avec les bois, près,
moulins, terres cultivées et incultes.

Béatrix de Brabant, veuve de Guillaume, comte de
Flandre, manda par lettre du 16 mai 1273, à ses hôtes,
tenans et échevins de Nieppe, qu'elle avait vendu au
comte de Flandre Guy, tout ce qui lui avait appartenu à
Nieppe à raison de son douaire, consistant en bois, rente,
hommages, cens, tonlieux, eaux, herbages et autres
droits.

Le 22 octobre 1276, la comtesse Marguerite maintint
les religieuses de l'hôpital Saint-Jean de Bergues, dans
le droit du mesurage et du pesage des denrées vendues à
Bergues, à Wormhoudt et a Herzelle. Ce droit consistait
à recevoir :

De la mesure de tous grains une maille par rasière.

Du chariot de blé, 4 deniers, et de la charrette, 2
deniers.

Du chariot de sel 4 deniers, et de la charrette 2 deniers.

De 100 rasières de sel mesurées ensemble 18 deniers
et une maille par chaque rasière en détail.

De chaque sac de laine 4 deniers, du millier de fer 6
deniers et de toutes choses qu'on pesera jusqu'à 12 livres,
une maille et audessus 1 denier.

Par lettres du mois de novembre 1278, Jean de Dam-

pierre vend aux abbés et couvent de Clairmarais, les
rentes tant en blé qu'en avoine qu'il avait droit de per-
cevoir sur 95 mesures et vingt verges de terre appartenant à cette abbaye dans la paroisse de Bailleul.

Par lettres de l'an 1280, Guy, comte de Flandre, déclare que Baudouin de Zegerscappel lui a remis dans ses
mains comme héritage, sa maison et 40 mesures de terres
situées près le cimetière de cette paroisse.

En 1282, les cultivateurs du territoire de Bergues pré-
tendirent avoir le droit de vendre leurs denrées sur le
marché de Dunkerque.

En 1286, Watier de Reningue, chevalier, sire de Mor
beque, déclara avoir échangé, donné et *warpi*, selon la
coutume du pays, en faveur du comte de Flandre les pro-
fits et appartenances gisants en la vierschare de Steenvoorde, d'Hazebrouck, de Staples, Renescures, Broxeele,
Zegerscappel, Merville et en l'échevinage des francs alleux qui gisent à Waringhem, endroits dans lesquels Wa-
tiers avait le tiers *dou dinchorn*, et le tiers des *glines*
(poules) les *briefpenninch*, les deniers des moulins mon-
tant à 20 sous dans la vierschare de Steenvoorde, les
kauweleries, les *sommeleries* et les *barscip* dont il avait
les reliefs, les 4 deniers des *orlofs*, un *plicon* de 14 sous
en Elinghem, les *vices hueses* (brodequins, bottines) de
cinq sous dans Staples, et toutes les avoueries que ledit
chevalier a dans le comté de Flandre, hormis celles qui
sont en la *villa* de Morbeque.

En 1288, l'abbaye de Hasnon donna en garantie les
terres du village de Saint-Pierrebrouck, à Robert et Baude
Crespin d'Arras pour une somme de 3178 livres.

Le comte Guy amortit, en 1290 au profit des doyen et

chapitre de l'église de Thérouanne , une dîme à Vieux-
Berquin de la valeur de huit livres d'Artois qu'ils avaient
acquise de la dame de Beaumanoir , une autre dîme
dans la paroisse d'Hondeghem , vendue par Fremaut de
Staple, de la valeur annuelle de 20 livres d'Artois et une
troisième dîme vendue par Pierre de Billike dans la paroisse de Cappellebrouck.

Michel de Coudekerque , homme de fief du comte de
Flandre, déclare en 1292 que Philippe de Thune a vendu
à son oncle Wautier de Bourbourg , le fief qu'il avait à
Rambeke, appelé *Ingelshof* avec l'enclos et la maison qui
en dépendent.

En 1293, Rogier, seigneur d'Oxelaere, reconnaît tenir
du sire de Morbèque son manoir d'Oxelaere et tout ce
qu'il y a dans le village.

Le 10 mai 1295 , Bauduin , châtelain de Bailleul, chevalier, et dame Agnès, sa femme, vendent pour la somme
de 3,000 livres parisis, à Guy, fils du comte de Flandre,
la châtellenie de Bailleul avec toutes les terres, revenus,
hommages , ainsi que tout ce qu'ils possédaient dans le
territoire de Cassel et de Bailleul qu'ils tenaient en fief
du comte de Flandre.

Par lettres du 17 juillet 2295 , le comte Guy confirma
la donation faite par feue Béatrix Leroy, pour la fondation
d'une chapelle dans l'église de Saint-Martin à Bergues .
de 19 mesures et demie de terre dans la paroisse d'Aremboutscappel ainsi que celle de 5 mesures de terre à Sox.

Le 7 juillet 1296, Jean , chevalier et sire de Haverskerque, donna à Robert , fils aîné du comte de Flandre,
vingt-cinq livrées de terre , savoir onze livrées situées à
Bruce et à Robertmez, entre Merville et Estaires, onze li-

vrées, quatre saudées et une denrée par loyale prisée, et cinquante-six saudées et une denrée tant en rente que service dans la paroisse d'Estaires. Robert donna en échange au sire de Haverskerque tout l'usage du bois d'Estaires , notamment la permission d'y faire pâturer ses bestiaux, et d'y faire couper tous les trois ans ce qui est nécessaire pour enfermer sa motte et sa tour à La Gorgue.

Le 21 janvier 1296 , une sentence est rendue par Jean Plateans de Teteghem et autres chevaliers, tous hommes du comté de Flandre à Bergues, contre Willaume seigneur de Fiennes , qui réclamait de Watier de Bourbourg, le château de Bambeke et la partie de terre qui en dépendait.

La même année, le comte Guy déclare que feue la comtesse Marguerite, sa mère, et lui ont donné à Watier de Reninghe, chevalier, sire de Morbecque , 253 mesures , 30 verges de terre sises en ce lieu, pour les tenir avec sa terre de Morbecque , en un seul fief relevant des comtes de Flandre , à charge de 55 livres 15 sous de rente , à payer aux sœurs de Notre-Dame, à Lille.

Le 20 mars 1298 , Raoul de Clermont , connétable de France , donna à Wautier de Bourbourg , deux mesures de prairies à Lembeke , la châtellenie de Bergues et la mairie de Ghyvelde ; il donna aussi à Baudouin de Zegerscappel cinquante-sept mesures de terre, le manoir et le moulin qui avaient appartenu à Chrétien le Brabant , à Willers de Zoutenay treize mesures de terre à Teteghem, huit mesures de terre saisies sur Catherine Durot; à Jean-Platel, une maison , trois moulins et toutes les terres de Baudouin le Jouene sises à Quaedypre ; enfin il donna à Hues dit le Flamens des terres situées à Saint-

Georges en récompense des services qu'ils avaient tous rendus au roi !

Baudouin de Saint-Omer, prévôt de Furnes, et Jacques Chinabiers sire de Reninghe , déclarent en 1306 que Wautier de Reninghe , sire de Morbeke a acheté à feu Guillaume, châtelain de Saint-Omer, tout ce que ce dernier possédait à titre d'héritage à Morbeque , à savoir : le manoir de ce lieu, tant en jardins qu'en vignes, *aunay*, près, terres, rentes d'argent, appelées *lantslout*, avoine, blés, chapons, justice haute et basse

En 1308 , Jean le Moine rend compte des revenus du Vaudermont, ou approvisionnement d'Hondschoote, Killem , Hoymille , Rexpœde , Wormhout , Boudenszeele , Brouckerque, Bissezeele.

En 1309, le bailli de Bergues et le receveur de Flandre font une enquête sur une vente illégale faite à Bergues d'une certaine quantité de lapins provenant de Furnes.

En 1310, Jean le Noir, bailli de Furnes , et Eustache Hauwel, bailli d'Ypres, font une enquête relativement à une levée de 101 gerbes de blé que ceux de Clairmarais avaient l'habitude de faire sur les biens de ceux de Loo.

En 1318, Eustache Bernaige fait l'expertise et la prisée des terres , villes , châtellenies et seigneuries de Dunkerque , Cassel , Hazebrouck , Borre , Haverskerque , Nieppe, Gravelines, etc.

Des lettres de l'an 1330, émanées des bailli et hommes de la cour de Haverskerque , pour la dame de Havers kerque et de Beauval , contiennent le déshéritement de Jacquemine de Le Rue de Blaringhem, de la terre de Fontaines, située en la paroisse de Blaringhem, au profit de Jean de Metkerque, fils du châtelain de Nieppe.

La même année, Robert de Flandre, seigneur de Cassel, fit acquisition d'une rente tenue de lui en fief par Thomas Vastin, de Cassel, et consistant en 46 hœuds et demi de blé et 199 hœuds d'avoine, à prendre à Vieux-Berquin, sur les héritages de Guy de Biaussart, au lieu appelé Caudescure.

Par lettres du samedi après l'octave de Saint-Martin, 1330, Jean Palster et Jean Lilone, hommes-liges de Robert de Flandre, seigneur de Cassel, déclarèrent qu'en leur présence, Robin de Capple a reconnu tenir en fief et hommage dix-sept mesures de terre à Bambèque.

Le 5 février 1362, Yolande de Flandre, comtesse de Bar et dame de Cassel, donne en augmentation de dot dix mesures de terre situées à Haverskerque, à la chapelle Saint Christophe, fondée par Eloi Surien, au lieu dit le Parc, sur le chemin qui va du bois de Nieppe à St-Venant, en passant par le moulin du Tout-li-Faut.

En 1376, l'official de Thérouanne ordonne de faire rendre sans retard aux habitants de Ruysscheure (Renescure) les blés, avoines, vesces, cervoises, bestiaux, herbes vertes et sèches et tout ce que les gens de madame de Bar leur avaient saisies dans la paroisse de Renescure.

Le 3 juin 1578, la comtesse de Bar mande à son receveur-général de payer à Henri d'Antoing, chevalier, 3000 francs d'or pour la terre de Haverskerque qu'elle lui a achetée.

Par lettres datées d'Arras du 22 novembre 1383, Louis de Mâle, comte de Flandre, donna à Jean de Flandre, l'un de ses enfants, le château de Drincham avec les fiefs, seigneuries, terres, prés, bois, pâtures, eaux et pêcheries qui en dépendaient.

En 1388, Philippe duc de Bourgogne , devenu comte de Flandre et voulant mettre de l'ordre dans ses finances, reconnut que sa terre de La Gorgue était mal administrée. Il en fit punir l'admoniateur pour ses dilapidations.

En 1395, Robert de Cassel fonda au hameau de Préavin, près la Motte-au-Bois , une maison de chanoines réguliers de l'ordre des Trinitaires, ce fut là que prit l'habit le célèbre moine Robert Gaguin, auteur d'une histoire de France.

En 1495, Guy , comte de Flandre , donna à Jeannet, valet de ses palefrois , fils de Lemin Clais de Ste-Marie-Cappel, la foresterie de Vrombeck , près Cassel, pour en jouir pendant sa vie.

On voit par les documents officiels qui précèdent et qui reposent aux archives générales de Lille et de Gand (1) , que la Flandre maritime présentait déjà sous ses comtes et les ducs de Bourgogne, cette physionomie que nous lui connaissons, et qu'elle produisait alors les mêmes récoltes qui font aujourd'hui sa richesse. Un autre document du XIII⁰ siècle, découvert par M. Schayès, fournit de curieux renseignements sur la manière de cultiver à cette époque. Nous l'empruntons à M. Eenens qui l'a traduit : « Chacun saura qu'un différend s'est élevé devant l'official de Cambrai entre les vénérables et discrets personnages Th.... prévôt, N.., doyen, et tout le chapitre de Cambrai , d'une part , et Regnier Rivelle du Petit-Braine, Jehan dit Hanecon , Thomas du Mout , Regnier,

---

(1) Ces documents sont cités ici d'après les annuaires du département du Nord. et les inventaires des archives de la ville et de la province de Gand par MM. de St-Genois et Van Duyse.

frère Braviart, Werrick du Petit-Braine, Jehan, dit Ha-
noye, Morganick, dit Denier, et Walter de Fossart,
d'autre part, regardant ledit chapitre de Cambrai comme
dot accordée à l'église de Cambrai ; que chacun des per
sonnages désignés exploitera ladite terre , en proportion
de ce que chacun en possède , depuis la prochaine fête
de Saint-Remi pendant douze ans. Chacun cultivera soi-
gneusement , d'après l'usage , et en temps opportun ,
comme l'envoyé dudit chapitre le jugera convenable,
avec ses propres instruments et charrois, et ensemencera,
sans aucun frais, ni labeur, pour le chapitre de Cambrai.
Au mois d'août de chaque année, chacun d'eux réunira,
pour la dixième gerbe , les fruits desdites terres , et les
divisera en deux parties égales. L'envoyé du chapitre de
Cambrai en choisira une pour lui, que chacun d'eux sera
tenu , chaque année de conduire à Braine-Lalleud , au
lieu désigné par l'envoyé du chapitre. Chacun d'eux sera
en outre tenu , pour sa partie de terre en particulier ,
d'amender toute ladite terre, dans l'espace des douze ans
précités , au moyen de la marne et du fumier ; sauf cependant les parties de cette terre qui auraient été amen
dées par le marnage , dans l'espace des trois dernières
années récemment écoulées.

« Comme aux confins de la paroisse de Braine-Lalleud,
se trouve située une partie des terres incultes , vulgaire-
ment appelée *le Terrenbas* , qui regarde ledit chapitre,
les personnes désignées ci-dessus *sont tenues de rendre à
la culture toute cette terre inculte,* chacune en proportion
des terres qu'elle cultive , et de la manière désignée ci-
dessus. Si lesdits hommes ne suivaient pas à la lettre les
conventions sus-mentionnées , *le chapitre aurait son re-*

cours sur la moitié des fruits accordés pour la culture de cette terre auxdits personnages. Le chapitre percevrait seulement de ladite moitié la part qui lui serait accordée, d'après l'estimation d'hommes probes, et d'après les dommages que ledit chapitre affirmerait sous serment lui avoir été apportés par la négligence desdites conventions. *Au bout des douze années, la susdite terre tout entière reviendra au chapitre, nonobstant l'amélioration apportée aux terrains par lesdits hommes.* En foi de quoi nous avons donné au même chapitre, sur la demande desdits hommes, les présentes lettres revêtues de nos sceaux. »

Au XIVe siècle, la ville d'Hazebrouck possède déjà un marché où se vendent les denrées agricoles et les bestiaux du pays. Voici les principales dispositions du règlement échevinal auquel ce marché était soumis :

« Personne ne peut débiter du vin au marché d'Hazebreuck, à moins qu'il ne soit bourgeois ainsi que l'acheteur, sous une amende de 49 sous parisis, et s'il a un associé, l'amende sera de 60 sous parisis.

« Nul boulanger ne peut gagner plus de huit sous parisis à une rasière de blé.

« Personne ne peut rencherir ses légumes après les avoir mis en vente.

« Personne ne peut mettre du bois a la halle de manière à l'obstruer.

« Personne ne peut exposer en vente de l'étoffe ni de la toile sans avoir au préalable payé le droit de mesurage.

« Nul boucher ne peut tuer des bêtes à cornes ni vendre des veaux mort-nés, sans qu'ils aient été vus par deux warandeurs.

« Nul poissonnier ne peut vendre du poisson qui n'ait été vu par les warandeurs.

« Personne ne peut vendre de l'étain dont le titre n'a pas été vérifié.

« Personne ne peut laisser courir des truies dans le ressort de la bourgeoisie.

« Personne ne peut marchander ses propres denrées au marché, afin d'exciter le zèle des amateurs.

« Personne ne peut vendre des harengs frais dans sa voiture.

« Personne ne peut aller à la rencontre des marchandises qu'on apporte au marché.

« Nul cordonnier ne peut vendre des souliers de bazane avec d'autres souliers.

« Que personne ne vende de la moutarde, si ce n'est de sénevé et de bon vinaigre.

« Que personne ne laisse courir des porcs entre la St-Jean d'été et la St-Jean d'août.

« Personne ne peut vendre de la graisse au marché, à moins qu'elle ne soit bonne et pure.

« Un maquignon peut avoir douze deniers par vache.

« Nul fabricant de chandelles ne peut vendre de la graisse.

« Personne ne peut vendre en même temps de la bierre et de la petite-bierre.

« Personne ne peut rouir du lin, si ce n'est à 40 pieds de distance de la bourgeoisie.

« Le fer travaillé exposé au marché doit être travaillé au marteau.

« Que personne ne fasse écanguer du lin à la chandelle (1). »

_____

(1) V. mon livre intitulé : *Les Flamands de France,* p. 57.

« La navigation et le commerce, continue M. Eenens, avaient pris un grand développement au XIVᵉ et au XVᵉ siècle, et les flamands, portant dans tous les pays les draps qu'ils fabriquaient, y connurent de nouvelles productions, qu'ils s'empressèrent de rapporter chez eux. Ce développement rapide du commerce, dont les intérêts se lient si intimement à ceux de l'agriculture, réagit fortement sur elle, pendant le moyen-âge, lors de la grande prospérité de Bruges, Gand, Ypres, Louvain, Tournay, Liège, Dinant, etc.

« L'augmentation de la population nécessita sans cesse la mise en culture de nouvelles terres, jusqu'alors négligées, à cause de leur infertilité. L'emploi plus fréquent des engrais qui se multipliaient par l'agglomération des habitants, avait permis de soumettre à la charrue des terres qu'on dédaignait autrefois. Les premiers pas dans les perfectionnements des méthodes de culture étaient l'œuvre des choses elles-mêmes ; la nature du terrain et la densité de la population servaient de guides. Le temps n'était plus où les habitants, peu nombreux, disposaient d'immenses territoires sur lesquels s'étaient accumulés, depuis des siècles, tous les débris de la végétation...

« Il est presque inutile de dire qu'à cette période des connaissances agronomiques, les engrais sont ou totalement négligés ou considérés comme des immondices nuisibles qu'il faut balayer au loin. Mais lorsque le pays se peupla davantage, il devint nécessaire de demander aux mêmes terres des récoltes plus fréquentes, et les rotations de culture s'introduisirent dans le travail agricole. Les fermiers divisèrent leur exploitation en trois parties : l'une, transformée en prairie perpétuelle et destinée à fournir aux bestiaux des pâturages pendant l'été , et du foin pour l'hiver ; les deux autres portions de l'exploitation, consacrées au labour, ne furent soumises à la charrue qu'alternativement, et, sur deux années, en passaient une en jachère. A cette période de l'agriculture, on commença à comprendre déjà l'importance des engrais ; on les recueillit avec quelque soin, pour les répandre sur les terres dont on voulait augmenter la fertilité.

« Pour satisfaire aux besoins d'une population croissante, les agriculteurs , qui connaissaient la valeur du fumier , se décidèrent à diminuer l'étendue des bonnes terres laissées en pâturage, et ils les convertirent en terres arables, se tournant ainsi vers la culture des plantes, qui remplaçaient l'herbe des près pour la nourriture du bétail.

« La culture en grand des navets , des carottes , des trèfles et de la spergule pour les bestiaux, est si ancienne que les historiens du pays ne font aucune mention de l'époque où elle a commencé. Les flamands ne tardèrent pas à introduire un progrès plus marqué dans la science agricole. Ils firent produire à leurs champs, la même année, une seconde récolte de navets ou de spergule, après celle des grains qu'ils y avaient obtenue.

« C'est ainsi que , de temps immémorial , le cultivateur, dans la Flandre , a pu entretenir un nombreux bétail, qui lui donnait du fumier en abondance et lui permettait d'entreprendre la mise en culture de terres sablonneuses, à sa portée, mais délaissées jusqu'alors (1). »

---

(1) Mémoire sur la fertilisation des landes.

IV.

PÉRIODES AUTRICHIENNE, ESPAGNOLE ET FRANÇAISE.

Du XVI siècle à la Révolution Française.

Le 16 janvier, 1491, à Flêtre (Vleteren), village de l'ancienne châtellenie de Bailleul, naquit un enfant qui devint un illustre historien et fut surnommé le père de l'histoire de la Flandre. C'est Jacques de Meyere, plus connu sous e nom latin de *Jacobus Meyerus Balliolanus*, auteur d'un grand ouvrage intitulé : *Commentarii sive annales rerum Flandricarum*. Ce célèbre écrivain a décrit dans ses *Tomi decem* l'état de l'agriculture flamande au XVIᵉ siècle Comme la relation de ce témoin oculaire des faits dont il parle, est le meilleur guide que nous puissions avoir, nous l'avons traduite pour la reproduire ici : « Les Flamands, dit-il, s'habillent avec des vêtements de laine et de lin qu'ils ont eux-mêmes tissés et s'adonnent avec succès à l'agriculture.

« Ils ont deux espèces de blé, le froment et une espèce
de riz que l'auteur nomme en latin *typha quam siliginem
minus recte appellat vulgus*, mais il ajoute que le froment l'emporte en bonne qualité sur le *typha*. La terre
des pâturages et des près est, dans beaucoup d'endroits
de la Flandre, meilleure que celle à labour, ce qui fait
qu'on doit souvent recourir au froment étranger, que
fournissent amplement le Vermandois, l'Artois, l'Amié-
nois et le Cambrésis dont les champs en produisent plus
que les nôtres. La Chersonèse Cimbrique (Le Danemark,
la Suède et la Norvège), les Espagnols et les Anglais nous
en envoient quelquefois, mais ils en prennent aussi de
temps en temps chez nous. D'ailleurs, les orges, les
avoines, les fèves, les pois, les vesces, les lins, les chan-
vres, les houblons, les panais ou millets, les colzats et
d'autres graines viennent bien en Flandre. Quelques-uns
de nos cultivateurs fument leurs champs avec de la
marne.

« Du reste, aux environs de la mer, la terre est si fertile qu'il n'est pas nécessaire de la fumer ni de faire des
jachères. Les parties les plus basses du pays produisent
du blé de la meilleure qualité, par l'effet seul de la fertilité du sol. Près de Bruges et de Gand, le sol ne produit
rien dans certaines parties ; mais les efforts du cultivateur
tendent à convertir ce terrain inculte et sablonneux en
prairies et en champs à labour. Les Flamands en pressant
la graine de lin et de colzat en extraient une huile dont
ils se servent à leurs repas ; ils font aussi une autre huile
avec des noix. Le beurre, le lait, le fromage, le hareng,
toutes sortes de viande, le poisson de mer et de rivière,
sont leur nourriture ordinaire ; et ils expédient leur fro-

mage, leur beurre et le hareng, non-seulement chez leurs voisins , mais encore dans les pays les plus éloignés , où ils sont recherchés pour leur bonne qualité. Ils font venir de la Bretagne du sel brut et gris, le font bouillir, le blanchissent et le rendent d'un goût plus agréable; c'est avec ce sel ainsi apprêté qu'ils assaisonnent des harengs , les caquent et les conservent mieux que partout ailleurs (1).

« Ils entretiennent un commerce considérable avec toute l'Europe par les ports de l'Ecluse , d'Ostende , de Nieuport, de Dunkerque et de Calais. Il n'y a pas de vin en Flandre , mais on en boit de toutes sortes provenant de France et d'Allemagne , et coûtant très cher à cause des frais de transport et des impôts qui sont très élevés. Mais en revanche on y fait une grande consommation de bière du pays , et de bière hollandaise , allemande ou anglaise. Aussi l'ivresse n'est elle pas rare chez les Flamands, et les paysans pris de boisson en viennent souvent aux mains dans les cabarets et se battent à coups de bâton. Ils ont le teint rouge et coloré et leur stature est forte et élevée. Les grands étalent beaucoup de luxe dans les repas et dans leur toilette, et les bourgeois cherchent à les imiter : aussi est-il bien nécessaire d'une loi somptuaire. Plus on s'approche de la mer, plus le flamand est rude, mais plus généreux , plus ouvert et plus germain, et plus on s'approche de la France, plus il est vif, poli et maniéré. Il n'est pas de peuple qui aime davantage la li·

(1) C'est Guillaume Beukels, né à Biervliet en Flandre qui inventa à Nieuport, en 1396, l'art de préparer , caquer et saler le hareng. Charles-Quint accompagné de la reine de Hongrie a visité en 1535 son tombeau à Biervliet. .

berté et en soit plus jaloux. Enfin la femme flamande est d'une beauté rare et ne manque pas de fierté...

« La Norwège fournit des bois qui servent à la charpente, l'Ecosse de la laine, du poisson et du cuir. Avec cette laine les habitants de Bergues et d'Hondschoote font un drap léger qu'on appelle de la serge et qu'ils expédient dans tous les pays. Mais à Lille et à Bruges on tisse des étoffes avec des fils de soie provenant d'Espagne, et on en fait les vêtements les plus moëlleux. Bien plus on y élève pour le même but des vers à soie. La Hollande fournit des chevaux, de la bière et de la toile, la Frise et la Normandie des bœufs, quoique la Flandre possède les troupeaux les plus beaux et les plus gras, ainsi que le meilleur élève de bétail, dont la France fait grand cas. Nous recevons aussi du beurre de la Frise. — Notre climat est tempéré et sain.—Le sol conserve les traces d'anciennes forêts, et des noms de forêts ont été donnés à certaines localités comme Nieppe, Bailleul, etc. On peut compter au nombre des collines, le Mont-Cassel, le Mont des Cattes, le Mont Noir, etc.

« On fait du feu avec du bon bois qui est en abondance dans le pays, excepté sur les bords de la mer, où l'on se sert de tourbe, d'herbes et de fiente de vache desséchée au soleil. On voit chez nous quantité de vergers, de jardins, de pâturages, de rivières, de ruisseaux, de bosquets, de prairies, d'arbrisseaux, d'arbustes et de plantes médicinales qui font l'admiration de l'étranger. — Le climat tempéré sous lequel nous vivons fait que nous sommes à l'abri des maladies graves, et nous savons de nos pères que la petite vérole a été presque inconnue à leur jeune âge. »

Voilà quelle était la richesse territoriale de notre Flandre, au seizième siècle, au temps où écrivait notre illustre compatriote, Jacques de Meyere, que nous pouvons surnommer le Tacite flamand. Nous lisons dans un manuscrit de l'abbaye de Watten, daté du XVIe siècle et découvert récemment par M. Deschamps de Pas, qu'un porc valait à cette époque à Cassel, seize sols, un agneau huit sols, un chapon, 4 sols, une poule 2 sols, et à Bergues 18 deniers ; que dans la châtellenie de Cassel une mesure de terre valait cent verges, et que dans celle de Bergues et de Bourbourg elle en avait trois cents.

Le 3 février 1570, Philippe II se trouvant à Anvers rendit une ordonnance par laquelle il obligea les administrations des châtellenies à réparer les chemins publics, et à creuser à droite et à gauche des fossés pour l'écoulement des eaux.

Ce fut aussi à cette époque que l'on commença à connaître un tubercule qui devint le principal aliment du pauvre; je veux parler de la pomme de terre. Longtemps avant que Parmentier offrit une fleur de cette plante à Louis XVI au milieu de sa cour de Versailles, un flamand nommé Charles Clusius (de l'Ecluse), la cultiva vers 1588, c'est-à-dire aussitôt après que l'amiral anglais, Walter Raleigh, l'eut signalée à l'Europe. Originaire du Chili, ce précieux tubercule avait été apporté à Louvain par un légat du Pape, et Clusius en avait reçu un échantillon des mains de Philippe de Sivry, gouverneur de Mons. Cependant le peuple fut longtemps avant de faire usage de la pomme de terre, et il fallut que les abbés de Saint-Pierre, à Gand, forçassent le paysan flamand à payer la dîme en pommes de terre, pour qu'il les culti-

5

vât. « Une tradition assez accréditée, dit M. le baron de
Saint-Genois , assure que ce n'est guère qu'après la di-
sette qui signala l'année 1740 , que ce tubercule s'acclimata dans nos contrées et devint définitivement l'aliment
ordinaire du peuple. Dans une notice curieuse que M. de
la Fontaine a publiée sur l'introduction de la pomme de
terre dans le grand-duché du Luxembourg , ce savant
nous fournit des détails intéressants au sujet des procès
qui, vers l'an 1750 , surgirent dans les Pays-Bas Autri-
chiens, sur le paiement de la dîme des pommes de terre.
Il extrait à ce propos de la réponse du conseil de Brabant,
consulté sur la question par le gouvernement de Bruxelles
en 1754, le passage suivant :

« Les uns veulent que ce fruit , légume de sa nature ,
« ne soit pas plus décimable que toutes les autres espèces
« de légumes, d'autres l'envisagent comme fruit absolu-
« ment champêtre , veulent qu'il soit décimable partout
« où il est planté , dans les jardins aussi bien que dans
« les champs. Ce fruit n'est très répandu que dans quel-
« ques cantons de la province , et il n'est pas douteux
« que dans la partie incomparablement la plus considé-
« rable et la plus grande , ce ne soit un fruit nouvelle-
« ment introduit. Les meilleures terres de la province
« portent une année du dur grain , la seconde du mar-
« sage et la troisième rien , parce qu'on les verse au
« printemps. Les terres sont , la troisième année, appe-
« lées *versaines*: on les recoupe en été et on n'y resème du
« dur grain qu'en septembre ou octobre. Mais au lieu
« de les recouper on s'avise depuis peu d'y mettre des
« topinambours dont la culture ameublit si bien la terre
« qu'on peut y semer dès qu'ils sont arrachés. Le fruit

« dont s'agit est d'une ressource inexprimable pour cette
« pauvre province. C'est lui qui l'a sauvé des disettes
« que nous avions toujours à craindre, dès que nos voi-
« sins nous interdisaient la sortie de leurs grains , d'où
« il suit que loin d'en gêner la culture, il convient de la
« favoriser au possible. On peut considérer le topinam-
« bour comme légume ou comme fruit champêtre : on le
« mange en *légume*, on le mange en *pain*, on l'arrache
« fait à fait pour le mettre journalièrement au pot ; on
« le laisse aoûter pour le serrer et pour le conserver ; on
« en fait de l'amidon et même du savon. C'est une com-
« modité pour le pauvre peuple dont on ne peut plus le
« priver sans le déranger totalement. »

D'une enquête faite à Nevèle en 1750, il résulte que la
culture de la pomme de terre était déjà générale dans une
partie de la Flandre , dès la fin du XVIᵉ siècle. Ce fut
aussi vers ce même temps qu'Ogier de Bousbeke, ambas-
sadeur de l'empereur d'Autriche à Constantinople , rapporta d'Orient la tulipe et le lilas et les acclimata en
Flandre. Alors aussi le souverain des Pays-Bas forma le
projet de soumettre les héritages ruraux à une législation
régulière. Il fit recueillir toutes les coutumes du pays, les
coordonna et , en les publiant , donna à leur texte et à
chacun de leurs articles un sens fixe, moins vague , plus
déterminé. Cette promulgation des anciennes lois, restées
jusque là la science occulte de quelques initiés , d'un petit nombre de jurisconsultes , fut un service rendu à la
chose publique et profitable surtout à l'agriculture. Les
droits du propriétaire foncier et du fermier furent mieux
établis, mieux connus ; la condition du cultivateur s'en
ressentit et s'améliora.

Parmi ces coutumes, celle de Pitgam, dans la châtellenie de Bergues, défendait aux cultivateurs d'exploiter plusieurs fermes à la fois et obligeait les propriétaires de louer ou d'occuper par eux-mêmes celle qui leur appartenait (1). Cette prescription était très-favorable à la petite propriété, et assurait au moins une chaumière et un champ au laboureur dépourvu de fortune. Aujourd'hui que le contraire est permis, on se demande avec anxiété ce que deviendra cet homme, cet utile travailleur, en présence de ces vastes exploitations agricoles, de ces grandes fermes qui ont absorbé et absorbent chaque jour la parcelle de terre qui le nourrissait, lui et sa famille. Si la coutume de Pitgam était encore en vigueur, on ne se plaindrait pas aujourd'hui du dépeuplement des campagnes.

« D'après l'ancien système de culture, dit M. Eenens, les fermes ne pouvaient se passer de prairies naturelles, et cependant on y élevait moins de bétail qu'aujourd'hui. Elles étaient situées dans le voisinage de ces prairies. On distingue encore facilement ces anciennes fermes des autres, dans la Flandre et dans une partie du Brabant. Les bâtiments sont environnés d'un large fossé. A l'entrée il y a une grande porte; à côté de cette porte, il y en a une autre plus petite, par laquelle entrent et sortent les habitants de la ferme. Quelquefois, au-dessus de la grande porte, on voyait les armes de l'ancien propriétaire. »

Deux fermes du seizième siècle, l'une de 1547, l'autre

Les coustumes et loix du comté de Flandre.

de 1593, situées à Vieux-Berquin et une troisième de la même époque à Noordpeene, dans l'arrondissement d'Hazebrouck, présentent toutes trois ces caractères architectoniques décrits par le savant agronome belge.

Les fermes flamandes avaient une grande ressemblance avec celle des Latins. « Les bâtiments ruraux étaient chez eux l'objet d'une sollicitude particulière. On savait, dit M. Théron de Montaugé, l'influence favorable qu'ils exercent sur le produit du domaine lorsqu'ils sont conçus avec une intelligente simplicité (1) ; aussi les agronomes latins sont-ils entrés à cet égard dans des détails pleins d'intérêt. La ferme devra être bâtie dans un lieu sain, exposé au vent et au soleil. Les divers bâtiments qui la composent, seront, autant que possible, groupés autour d'une cour intérieure et disposés de manière à être facilement surveillés par l'intendant. Au milieu de la cour on creusera une fosse où l'on recueillera les eaux des toitures pour abreuver les bestiaux et pourvoir aux besoins de la ferme. Le sol, jonché de paille, deviendra une fabrique d'engrais (2). Le logement des colons sera vaste et bien aéré. On observera la même précaution pour les étables qui seront exposées au midi afin qu'elles sèchent facilement et ne soient pas incommodées par les vents froids. Elles seront pavées ou couvertes de gravier avec une pente suffisante pour l'écoulement des urines (3). Les bouviers et les bergers auront leur lit tout auprès, afin de veiller constamment sur les animaux. »

---

(1). Varron. *de l'agriculture*, liv. 1. 13
(2) Ibid.
(3) Columelle. liv. IV, 23.

Avec le commencement du dix septième siècle, nous voyons entreprendre un travail de la plus haute importance pour l'agriculture de la Flandre maritime, c'est le desséchement des Moëres

Les Moëres étaient primitivement un lac à une lieue de Bergues et de Furnes. On les divisait en grande et petite moëre ; la grande occupait 7,098 mesures et 66 verges de terre (la mesure de Bergues est de 44 ares 4 centiares) ; la petite contenait 301 mesures, une ligne et 24 verges ; au total 7,399 mesures, une ligne, 90 verges de terres inondées. La petite moëre était séparée de la grande et y communiquait par un fossé ou canal. La grande moëre avait dans sa largeur de l'orient à l'occident une bonne lieue de France et un peu plus du midi au septentrion. Du côté nord, il y avait une langue de terre qu'on pouvait comparer à un promontoire, laquelle n'était jamais inondée, et qui s'avançait d'une demi-lieue dans la moëre ; la petite était de figure presque ronde. Ces lacs avaient sept à huit pieds de profondeur, plus ou moins, dans les temps pluvieux ; en hiver davantage et durant les sécheresses moins. L'eau en était saumâtre à cause de son origine, car elle a pénétré dans ce bassin par un débordement de la mer ; une vingtaine de villages furent alors submergés dans les environs de Furnes.

En 1615, les souverains des Pays Bas jugèrent à propos de desséher les moëres. Ils députèrent en conséquence le baron Vinceslas Koebergher, premier directeur des lombards ou monts de piété de toute la Flandre, et le célèbre ingénieur Bruno Van Kuyck, afin de voir sur les lieux si la chose était possible. Ils se transportèrent dans les moëres et se flattèrent de réussir. De retour à Bruxelles , ils furent autorisés à faire ce qu'ils jugeaient nécessaire à l'écoulement des eaux. Pendant l'été de 1617 , le baron fit tirer par son ingénieur un large et profond fossé autour de la moëre, afin d'empêcher les eaux de s'y rassembler.

En 1619, on l'appuya d'un rempart de terre contre la violence des eaux qui s'écoulaient du haut-pays. L'année suivante, le baron fit creuser un canal profond depuis les moëres jusqu'à Dunkerque , afin de faire descendre les eaux dans la mer. Il traversait les paroisses d'Uxem et de Teteghem et se jetait dans le port de Dunkerque.

En 1622 ou pouvait traverser les moëres à sec. L'année suivante , l'ingénieur Van Kuyck les fit entrecouper par différents fossés et y fit construire vingt moulins à eau, qui chassaient les eaux dans le canal de Dunkerque.

En 1624 , les moëres étaient entièrement sèches. On commença alors à y semer du colzat qui rapporta beaucoup, et on permit aux personnes sans fortune de s'établir librement dans ce nouveau monde , qui se couvrit d'arbres , de vergers et d'un grand nombre de fermes. Mais les guerres de 1629 à 1646 firent que les moëres furent de nouveau inondées. Le baron de Koerbergher mourut de chagrin en voyant son œuvre détruite ; ce ne fut qu'en 1770 que le comte de Rhouville entreprit de réparer cette grande calamité.

En même temps qu'on travaillait au dessèchement des moëres , on avisa aussi au moyen d'empêcher la Lys de déborder. Les inondations de cette rivière avaient été parfois telles , qu'au rapport de l'annaliste Meyer , on avait vu ses eaux emporter dans leur courant moissons, granges, troupeaux, etables, et transformer en étangs les prairies et les places publiques des villes qu'elles tra versaient.

Le débordement de la Lys est pourtant une source de richesses pour le pays. Au XVIe siècle, Guichardin avait déjà constaté ce fait : « Les champaignes pour la plupart « de la province, dit-il, ont très-belle perspective et re- « gard, pour le grand nombre de belles prairies, qui « pleines de tout genre de bestail partout s'apperçoivent, « lesquelles au jugement de chascun sont plus verdes, et « de plus belle montre que les nostres d'Italie), ce qu'ad- « vient (si je ne me deçoy) de l'abondante humeur de la « terre, procédente de la basseur du siège, dont vigou- « reuses et verdoyantes rendent les poissons presque « toute l'année. »

Ce que les prairies des bords de la Lys étaient au temps de Guichardin, elles le sont encore aujourd'hui, les plus renommées de la Flandre par l'abondance et la qualité de leurs produits. « La Lys, qui coule toujours à pleins bords, dit M. Ortille, repose dans la première partie de son cours sur un fond de terre grasse, compo- sée en grande partie d'argile et de détritus de plantes et d'animaux. Quand la fonte des neiges ou les pluies abon- dantes de l'automne ont gonflé ses nombreux affluents, grossi son volume et accéléré la marche de ses eaux, l'eau se trouble, déborde et inonde toutes les prairies voisines. Au printemps, quand la rivière rentre dans son lit, elle laisse partout où elle a séjourné un limon jaunâtre, prin- cipe d'une grande fertilité. « L'industrie des propriétaires « ajoute encore à cette richesse naturelle : non-contents « de l'engrais apporté par les eaux, ils retirent du fond

« de la rivière la vase ou coulin qui s'y trouve accumu-
« lée » (RENDU). De là ces hautes herbes extrêmement
serrées au pied, ces fourrages abondants, dont nous par-
lions plus haut. On m'a assuré qu'un hectare de ces
prairies se vendait jusqu'à 15,000 francs ; chiffre évi-
demment exagéré, mais qui tend à prouver combien on
estime ces terres engraissées du limon de la Lys.

« Les principales espèces d'herbes qu'elles produisent,
sont les suivantes : L'avoine élevée (avena elatior) ; le
raygrass ou lolium vivace (lolium perenne) ; la jachée ou
centaurée noire (centaurea nigra) ; le trèfle des prés (trifolium filiforme) ; le trèfle blanc (trifolium repens) ; la
fléole des prés (phleum pratense) ; le vulpin des champs
(alopecurus agrestis) ; le vulpin des prés (alopecurus pratensis) ; le vulpin genouillé (alopecurus geniculatus) ; le
vulpin bulbeux (alopecurus bulbosus) ; la fléole noueuse
(phleum nodosum) ; la fétuque élevée (festuca elatior); la
fétuque des prés (festuca pratensis) ; la fétuque à fleurs
menues (festuca tenuiflora) ; la houlque laineuse (holcus
lanatus ou avena lanata) ; le paturin des prés (poa pratensis) ; et le paturin annuel (poa annua) , la plus abondante de toutes ces herbes......

« . . . Toutefois, jusqu'en 1680 , la Lys n'avait eu
qu'une chétive navigation. Coulant dans une grande partie de son étendue, surtout en Belgique , sur un terrain
rocailleux et solide, d'où sortaient des hauts-fonds très-
dangereux , lorsque les eaux étaient basses , ayant de
plus alors un cours sinueux et rapide , la navigation en
était extrêmement difficile. Aussi son a-t-on à établir
une navigation régulière en la redressant en plusieurs

points, en construisant l'écluse de Comines (1680). (1) »

Comme nous venons de le voir, ces travaux de canalisation de la Lys remontent aux premières années de Louis XIV. Ce fut aussi ce monarque qui dota la ville de Bergues d'un marché franc qui fut un grand bienfait pour l'agriculture, car il a facilité la vente de ses produits et consacré pour ainsi dire la liberté du commerce. En effet, avant la conquête de la Flandre par les armes françaises, presque toutes les denrées étaient taxées administrativement, commé le prouvent les registres aux résolutions du bailli et des échevins de la ville de Cassel:

« 1586. Taxé le bois d'orme, 5 sols parisis le faisseau. (Le sol parisis équivalait à trois centimes et une fraction); le bois tendre et chêne sans écorce, 3 sols parisis ; les fagots gros bois, 4 sols chaque ; les fagots de branchage, 3 sols chaque.

« 1588. Les brasseurs ne pourront vendre la bierre plus chère que 9 livres parisis la tonne. (La livre parisis équivalait à 12 sols, 6 deniers, argent franc.)

« 1588. Le prix des chandelles est de 12 sols parisis la livre.

« 1593 La ville fait faire un four à briques de deux cent mille, qui seront vendues 9 livres parisis chaque mille.

« 1599. Le gros bois a été taxé 20 livres parisis le cent, et les fagots 18 livres parisis le cent.

« 1622. Interdit aux aubergistes de vendre le vin plus cher que 26 sols parisis le pot, excepté le vin d'Espagne

---

(1) ORTILLE. Coup d'œil sur la vallée de la Lys.

et du Rhin, et qu'à l'avenir ils doivent faire guster leur vin par les échevins pour le voir taxer.

« 1626. Les meuniers prenant comme de coutume pour droit de mouture 48 livres de farine en ce moment que le blé vaut 48 livres parisis la rasière, tandis que le prix ordinaire est de 12 livres parisis, est arrêté que dorénavant leur droit sera de 36 livres de farine.

« 1652. Les grains étant, grâce à Dieu, considérablement diminués, le brasseurs ne vendront la bierre plus que 12 livres parisis la tonne, les cabaretiers que 7 sols le pot.

« Le fagot est taxé à 4 sols parisis et le gros 8 sols le faisceau.

» La meilleure viande de mouton 8 sols, 6 deniers parisis ; la viande de bœuf 6 sols parisis la livre. (1) »

Enfin, Louis XIV exempte les cultivateurs de Cassel de tout droit de tonlieu sur les bestiaux et les grains achetés dans le rayon de leur châtellenie.

En 1737, le cours des eaux de la Colme fut singulièrement amélioré par des travaux qui se firent au sas de Watten, nommé Wattendam. Au jeu régulier des écluses de cette ancienne petite ville se rattachent les graves questions de la prospérité agricole, de la navigation et de la salubrité publique.

Ces divers intérêts de la plus haute importance, ont occupé l'attention de tous ceux qui ont administré le pays, depuis le comte Guy de Flandre jusqu'à nos jours. Tous se sont efforcés de faciliter la navigation sur la

(1) DESMYTTERE. Topographie de Cassel.

Colme, d'empêcher la stagnation des eaux de ce canal et
de les distribuer d'une manière utile aux terres rive
raines. Toute la difficulté consiste à concilier ces intérêt
qui se trouvent souvent opposés. Ainsi, veut-on protége
la navigation, il arrive que l'on nuit à l'agriculture. C'es
ainsi que, pendant l'été de 1846, nous avons vu l'admi
nistration des ponts-et-chaussées, qui a aujourd'hui dan
ses attributions la surveillance de la Colme, maintenir se
eaux à 2 mètres 20 centimètres au-delà de Wattendam
Mais comme cette année les chaleurs furent excessives
cette mesure fut nuisible aux champs , ils manquèrer
d'eau. Une vive alarme se répandit alors dans le pays
qui redoutait les suites désastreuses d'une épidémie o
d'une épizootie.

Les environs de Bergues sont fertiles en céréales. L
22 septembre 1732, il se trouva sur le marché de cett
ville, six mille sacs de blé qui ne se vendirent qu'à rai
son de quatorze livres parisis la rasière (un hectolitre e
demi). Cette année la récolte avait été abondante, toute
les espérances avaient été dépassées. Il n'en fut pas d
même de 1740 , l'hiver en fut très-rigoureux, une gelé
forte et tenace dura depuis le six janvier jusqu'au se
mars suivant. Le grain semé périt dans la terre , une af
freuse misère se fit ressentir , et le blé se vendit jusqu'
trente six livres la rasière; son exportation fut défendue

En 1744, une maladie épizootique exerça ses ravag
dans la châtellenie de Bergues, et enleva 3,902 vâches
lait, 98 vaches grasses , 61 bœufs , 46 taureaux , 1,07
génisses et 129 veaux La vache se vendait alors 12
livres et quand elle était grasse 150 livres ; le bœuf 18
liv., le taureau 50 liv., la génisse 70 liv., le veau 20 liv
Une nouvelle épizootie sevit en 1774.

En 1780, il fallut reprendre les travaux de dessèchement des moëres. M. le comte Herwyn , depuis pair de
France , entra dans cette grande entreprise avec son
frère le baron Herwyn de Nevelle. Tous les deux , pleins
de confiance dans les plans qu'ils avaient conçus, surent
mettre à contribution tous les secrets de l'art hydrosta-
tique. « Les eaux s'élevèrent comme par enchantement,
dit M. de Campigneulles, au moyen de moulins à palettes
construits avec la plus ingénieuse simplicité. Digues ,
ponts, écluses , syphons , canaux, tous les travaux ordi-
naires et extraordinaires de dessèchement furent exécutés
à grands frais et sagement dirigés par les deux frères ,
qui par des efforts inouïs et tenant presque du prodige,
parvinrent en six années à dompter les éléments et à
triompher en quelque sorte de la nature. »

Nous touchons au moment où la Révolution française
va transformer la vieille organisation sociale, où l'homme
des champs va être soumis à un régime nouveau ; nous
touchons donc au terme que nous nous sommes proposé
d'atteindre. Mais avant d'abandonner notre tâche, il importe de présenter en résumé la situation de l'agriculture
flamande en France, à l'époque de 1789. Ce résumé, nous
le trouvons dans un manuscrit qui eut pour auteur M.
Gamonet , ancien directeur-général des domaines de
Flandre ; nous ne pouvons mieux faire que de reproduire
ici un extrait de ce travail :

I.

« L'expérience semble nous avoir appris que pour
qu'un pays soit riche dans un grand État, il ne suffit pas
que le terrain en soit fertile , il faut encore que les pays
voisins aient besoin de lui et de ses productions. Le premier principe de la richesse d'un pays est sans doute la
population; nul pays n'est riche sans être peuplé, comme
aucun pays n'est peuplé sans être riche Mais ce plus ou
ce moins de population, d'où dépend en effet la richesse
de tout pays , dépend lui-même à son tour des causes
premières qui ne sont autres que celles que je viens de
dire, le rapport de pays à pays. Si nul pays n'est pauvre
avec beaucoup de peuple , nul pays aussi n'est bien peuplé qu'autant que ses rapports avec ses voisins lui pro
curent des avantages sur eux ou qu'il leur donne autant
qu'il en reçoit. Mais tout pays qui bon en lui-même ne
donne et ne reçoit rien , ne peut être peuplé , parce que
son état ne comporte aucune industrie, parconséquent il
est nécessairement pauvre.

« Si le bien être de chaque province en particulier dépend de ses rapports avec les provinces voisines, je n'aurai en parlant de l'état florissant de la Flandre flamingante, qu'à tracer ici le tableau de sa position pour offrir au premier coup-d'œil les principes de sa félicité présente. Ce petit pays qui n'a pas en tout sens plus de douze lieues d'étendue, est borné au nord par la mer, à l'est par la domination autrichienne, à l'ouest par l'Artois et au midi par Lille et la Flandre appelée Wallonne. Dans cette position, ayant d'un côté la mer, de l'autre, beaucoup de grandes villes pour voisins, l'on sent qu'elle est assurée de tous les débouchés nécessaires de ses denrées ; aussi se vendent-elles bien. Ses principales productions sont le blé, les pâturages gras, les lins, le colza, (choux à graine) et le bois.

« En temps de paix, elle exporte des farines par Dunkerque pour la subsistance des colonies ; mais ce qui prouve le mieux la bonté de ses productions, c'est qu'elle fournit les blés de semence à presque tous ses voisins.

« Le commerce de Flandre en bestiaux s'étend à la consommation des provinces voisines comme Lille et l'Artois. Ses marchés à cet égard sont très considérables, Bergues, Bailleul, et Hazebrouck en ont un chaque semaine qui sont plutôt de véritables foires que des marchés simples de bestiaux que cette province possède en très grand nombre. De la bonté de ses pâturages découlent à la fois plusieurs autres grands avantages; beaucoup de beurre, dont la bonté reconnue le fait rechercher au loin de tous les côtés. Paris en fait seul une très-grande consommation. Il tire aussi de cette province, ainsi que des provinces voisines, beaucoup de fromages

qui passent facilement pour fromages de Hollande, sans
coûter aussi cher ; le canton de Bergues en fournit seul
cette espèce. Bailleul a des fromages aussi , mais d'une
autre forme, ainsi que d'une autre qualité. Ceux que l'on
y fait avec de la crême pure y sont d'une bonté si par-
faite qu'un fromage d'une livre et demie ou deux livres
tout au plus, s'y vend jusqu'à vingt-quatre francs. Il est
vrai que l'on en voit très peu de cette qualité , mais c'est
un fait qu'il s'en trouve.

» Tous les engrais de bestiaux de la Flandre se font
en vaches, très peu en bœufs ; la viande n'y est pas , à
cause de cela , aussi bonne qu'elle pourrait l'être. Il est
cependant certain que la vache y est beaucoup meilleure
qu'en tout autre pays. Une bonne raison empêche les
flamands d'engraisser des bœufs , c'est qu'ils n'en ont
pas et que pour s'en procurer il faudrait les aller chercher au dehors où ils les achèteraient très cher , tandis
que leurs vaches dont ils font beaucoup d'argent ne leur
vaudraient plus rien, sans la ressource de les engraisser.
J'ai ouï nombre d'étrangers se récrier sur cet usage et
vouloir que pour se procurer des bœufs au lieu de ses
vaches, la Flandre supprimât chez elle l'usage de labou-
rer avec des chevaux qui , disaient-ils , vieux , et après
avoir couté jeunes, beaucoup d'argent, ne valent pas plus
que la peau, au lieu que les bœufs engraissés au bout de
leur carrière se vendent plus cher qu'ils n'avaient coûté,
lorsqu'on les achèta jeunes. J'ai même vu un homme en
place , si frappé de cet erreur prétendue des flamands ,
qu'en arrivant dans leur pays pour s'y établir, son premier soin fut de se procurer quelques terres , pour l'exploitation desquelles il fit venir des bœufs du pays qu'il

quittait, afin de rendre sensible par le fait la supériorité de cette méthode sur celle de l'usage des chevaux. Mais grâce à Dieu , au sang-froid des flamands et à leur attachement à leurs usages , cet exemple n'a point pris. Un peu de connaissance de la nature du pays et de ses rapports, aurait appris à l'étranger dont il parle que sa méthode n'aurait pu s'introduire en Flandre et en chasser l'usage des chevaux sans y tout perdre, parce que de la suppression des vaches aurait suivi celle du commerce en beurre, celle des veaux et de leurs engrais, tandis que d'un côté la province aurait perdu en supprimant l'usage des chevaux une autre branche de commerce pour elle très intéressante.

» Depuis trois ans jusqu'à cinq, les flamands tirent un grand service de leurs poulains que cependant ils ménagent beaucoup. A cinq ans ils les vendent pour les carrosses ; les juments vieillissent seules entre leurs mains , parce qu'ils les gardent tant qu'elles portent. Lorsqu'elles sont devenues stériles , elles passent aux rouliers et aux travaux des villes dans le pays. Les pavés que l'on trouve pour la communication de toutes les villes ensemble et les mouvements intérieurs des villes même pour le commerce consomment beaucoup de chevaux. D'où suivrait encore un désavantage pour la province d'en diminuer le nombre , parce qu'il faudrait qu'elle fût chercher vers ses voisins ceux nécessaires à sa consommation. Les chevaux resteront donc ; dès lors il devient impossible que la Flandre engraisse des bœufs parce que les bœufs n'étant bons pour l'engrais que vieux si elle en élevait , qu'en ferait-elle depuis leur naissance jusqu'à leur vieillesse , ne s'en servant en rien pour se ouvrages ? Il est donc clair que les bœufs lui seraient onéreux ; aussi n'en élève-t-elle guère plus qu'il lui en faut pour la génération. Le reste est tué et consommé comme veaux. J'ai cru que l'on me permettrait ce détail dans un discours destiné à présenter le tableau des maux et des biens du pays dont je traite. Le bénéfice qu'il retire de ses bestiaux gras ou maigres, est si considérable que j'ai dû le faire connaître, et j'ai d'ailleurs tant de fois ouï dire que cette province devrait engraisser des bœufs au lieu des vaches, que pour fermer la bouche à des novateurs aussi pernicieux, je me suis cru permis d'entrer dans tous les détails propres à convaincre du danger de leur système.

» Le lin, troisième production du pays, est pour lui la matière d'un très grand commerce. Tout le monde connaît les toiles et les fils de la Flandre. Je ne m'étendrai donc pas sur cet objet ; j'y dirai seulement que cette matière se trouve entre les mains des flamands un article tout à la fois d'agriculture et d'industrie. Les bords de la Lys sont le canton de la province qui fournit le plus de lin et de toiles. Et le même paysan qui pendant l'été a cultivé le lin et l'a recueilli, le travaille l'hiver et le convertit en toiles, qu'il blanchit au printemps. Dans cette contrée, tous les laboureurs sont tisserands, et une grande partie sont de plus propriétaires des héritages sur lesquels ils ont recueilli ce même lin que l'année d'après ils vendent tout fabriqué. Dans ce même canton ce ne sont pas les toiles fines blanchies au lait et fabriquées façon de Hollande, ce sont des toiles appelées de ménage qui se blanchissent sur l'herbe par l'eau et par le soleil, elles sont fortes et d'une bonté reconnue par la grande ex-

portation qui s'en fait pour Paris et pour l'usage de toute
les provinces voisines.

» La quatrième production de la Flandre est le *col*
zaet , mot flamand qui en français signifie *choux*
graine. Cet objet est moins considérable dans la Flandre
flamingante ou maritime que dans le territoire de la
Flandre wallonne connue sous le nom de la chatelleni
de Lille. Ce choux produit une graine de laquelle on tire
par le feu une huile dont il se consomme beaucoup dan
le pays même et dont il s'exporte une très grande quan
tité pour les manufactures de laine : on s'en sert auss
pour l'huile à brûler. Le principal avantage de la culti
vation de cette denrée, c'est que le colzaet tient lieu d'an
née en année de repos à la terre qui le produit. Il est re
connu que loin de la fatiguer, il la rend au contraire plu
féconde surtout pour le blé, qui n'est jamais aussi bea
que lorsqu'il a été semé dans un champ qui , l'anné
précédente, a porté du colzaet. L'usage n'en est pas an
cien en Flandre. Cette cultivation a donné lieu à d
grands procès entre les décimateurs et les communauté
d'habitants. Les premiers ont prétendu la dixme, comm
sur les autres productions de la terre ; les seconds on
soutenu que le colzaet tenant la place du gueret , il de
vait aussi en tenir la nature et par conséquent la terr
qui le produit être à l'égard du décimateur comme s
elle ne produisait pas. La question a été jugée en faveu
des communautés par arrêt du parlement, qui a décharg
de la dixme sur le colzaet les terres qui n'y avaient ja
mais été assujetties , et maintenu cependant les décima
teurs qui ayant exigé d'abord la dixme sur cette denrée
en avaient joui jusqu'à la contestation sans trouble e
sans empêchement.

» Reste à traiter la cultivation et l'exploitation du bois, cinquième et dernière production de la Flandre dont je parle. Cette province n'a point ou presque point de bois en corps de fôrêt, la seule d'objet est la forêt de Nieppe, appartenant au roi, dont la coupe forme dans le produit des domaines et bois, année commune, un article d'à peu près 125 mille livres. On voit qu'un objet de cette nature ne peut pas contribuer pour beaucoup à la consommation des deux Flandres et de l'Artois, sur tout pour qui connaît le nombre infini des villes dont les trois provinces sont parsemées. Cependant la Flandre flamingante, telle que je viens de la représenter sans aucun autre bois, ni forêt d'objet que celle appelée Nieppe, fournit seule tous les bois à brûler et de charpente, d'abord de sa propre consommation, ensuite de celles des villes de St-Omer, Aire et Béthune en Artois et de Lille et ses environs, car la Flandre wallonne a très-peu d'arbres. Tous ceux par lesquels la Flandre suffit ainsi à elle-même et à ses voisins, se trouvent plantés sur chaque héritage, de façon que la province entière n'est elle-même qu'une espèce de forêt. Rien de si commun que d'y voir les meilleurs paturages entourés d'ormeaux à haute futaye, dont la vente, lorsqu'ils sont parvenus, égale souvent, surpasse même le prix et la valeur de l'héritage qui les a produits. Cette espèce de cultivation a en Flandres le double avantage qu'en même temps que le bois y rapporte beaucoup d'argent, il n'y a pas de pays au monde où il croisse plus vite. J'ai vu à Bailleul une religieuse d'un couvent de filles de la règle de St-Augustin, appelées Sœurs Noires, faire abattre, étant supérieure de la maison, des ormeaux parvenus, qu'elle

avait elle-même aidé à planter lorsqu'elle était novice
Les deux époques renfermaient un espace d'à peu près
quarante cinq à cinquante ans.

» A cause qu'il n'y a en Flandre presque point de boi
en corps, la juridiction des eaux et forêts ne s'éten
point aux bois appartenant aux particuliers. Ce n'est pa
que les officiers de ces juridictions n'aient tenté plu
sieurs fois de se les asservir, mais le Roi et son Conse
ont toujours cédé à cette considération que dans un pay
où tous les bois consistent en arbres plantés à l'entou
des héritages, il n'était pas possible d'en empêcher l
coupe libre et volontaire. D'ailleurs l'esprit général de l
Flandre est la liberté. Gênez le flamand, même en vu
de son utilité, il s'éloignera de tous avantages que vou
voudrez qu'il achète par la contrainte; mais laissez-
faire et comptez que nul objet utile ne lui échappera.
vend ses bois cher, dès lors ne craignez pas qu'il néglig
de remplacer par un arbre nouveau, l'arbre ancien qu'
vient d'abattre. Mais craindriez-vous aussi que libre d
vendre ses bois en tout temps, il n'attendit pas qu'i
fussent parvenus? Rassurez-vous; il sait que s'il abat s
arbres trop jeunes, ils rendront moins à la corde ou a
pied, et ne craignez pas qu'il sacrifie jamais ses véritabl
intérêts à l'impatience de jouir. En voici la preuve
quoique les bois en corps soient rares en Flandre, tout
fois, il s'y en trouve qui sont aujourd'hui au même ét
qu'il y a deux siècles et plus, et ces bois sont distribu
par coupes réglées qui s'exécutent aussi régulièreme
que si elles étaient dirigées par l'ordonnance, pourqu
cela? C'est que cet ordre, cette méthode qui seraie
peut être inconnus ailleurs sans la nécessité de s'y co

former, n'ont pour elles en Flandre et n'y ont jamais eu
besoin que de l'expérience qui a prouvé leur utilité.

» Dans le tableau que je viens de faire de la Flandre
l'égard de ses bois, on voit qu'il faut les regarder
comme une partie de la production annuelle des héritages. Les terres s'y vendent communément sur le pied
du denier quarante ou cinquante de leur fermage ; mais
en répartissant sur chaque année le produit des bois
d'une coupe à l'autre, leur rapport regagne bien et au-
delà ce qu'il avait perdu chemin faisant. Les coupes sont
en général la ressource des maisons et des familles ; on
ne doit par conséquent pas craindre que les plantations
soient négligées ; d'autant que les terres ne s'en louen
pas moins ce qu'elles se loueraient sans les arbres.

de chaque cit...
ont formé...
donné...

» Il est juste que ma.   ...erchions par
quels moyens, cette prov...   ...u parvenir à se trouver
dans cet état florissant, dont je viens de crayonner le tableau. En considérant une nation, comme l'on suppose
rait deux voisins vivant ensemble de bonne intelligence,
il faut convenir que la nation comme les deux voisins
n'ont pu arriver à cette heureuse harmonie dont la félicité
commune est le terme, qu'autant que chacun a mis également du sien dans les moyens de se la procurer. Mais
ce qui n'est entre les deux amis que rapport d'humeur ou
effet de raison, doit être chez toute nation quelconque,
l'ouvrage d'un ressort plus étendu par la nécessité que
chaque membre se trouve disposé de manière que tous à
la fois tendent ensemble et continuellement vers le même
but. Or, cet agent ne peut être que la législation. La législation est donc dans le corps politique des nations l'a-
gent qui produit parmi elles tous les biens et tous les
maux, parce que d'elle seule dépend la manière d'être

...yen et de là les mœurs. Mais ces lois qui ...chaque peuple ce qu'il est, ont elles-mêmes été ...es par quelqu'un qui pour les concevoir et les rédi-...r a dû nécessairement les prendre dans les principes sur lesquels il se gouvernait personnellement ou du moins dans l'idée de ceux sur lesquels, il aurait voulu pouvoir se gouverner. Cette réflexion conduit, Messieurs, à donner en général une bien haute opinion du caractère et du génie de chaque législateur. Cependant, l'on voit qu'en particulier tous n'ont fait que consulter les mœurs des peuples déjà formés, soit pour en prendre les usages en entier, soit pour y corriger en les adoptant. C'est par là que les français, par exemple, formés en corps de nation dans ces temps de barbarie où les peuples ne connaissent d'autre manière d'être que la guerre, ont rédigé leurs principales lois sur les usages des temps où ils vivaient. De là, toute notre jurisprudence des fiefs, qui assurant dans les aînés des chefs puissants, nécessite à la guerre tous les cadets, puisqu'il ne leur reste qu'elle pour ressource, et que malgré l'adoucissement introduit par le changement de nos mœurs dans la dureté de ces premières dispositions, nous n'y tenons encore que de trop près dans nos principales provinces. En Flandre, au contraire, toute la législation porte, comme nous allons le voir, sur l'égalité ; et si la force du préjugé a, pour ainsi dire, arraché aux flamands quelque distinction entre deux enfants d'un même père, on voit que ce n'est qu'à regret qu'ils se sont écartés de la nature et encore qu'ils ont adouci tant qu'ils ont pu, ce qu'ils ont cru ne pouvoir s'empêcher d'admettre de contraire à ses lois. A quoi imputer cette supériorité de sagesse dans les premiers lé-

gislateurs de cette nation? Sans doute à la différence des
temps comme aussi à celle des hommes qui ont été les
premiers de chaque peuple. Les français, créés sous Clo-
vis, leur roi, dans le cinquième siècle, ne devinrent
peuple que par les armes, accourus par bandes, guidés,
attirés chez leurs voisins par l'espoir du butin, les terres
et les peuples conquis furent l'apanage des vainqueurs et
chacun de ceux qui avaient eu part aux victoires, l'eut de
même aux dépouilles de ceux sur qui ils les avaient rem-
portées. Une nation ainsi constituée ne pouvait point admettre cette égalité rurale que nous trouvons chez les flamands. Aussi n'y fut-elle pas connue et nous ne sommes
pas assez heureux pour qu'elle s'y soit établie. En Flandre au contraire tout porte dans les lois de ce pays sur
l'attention due également à chaque individu ; mais la
cause de cette différence est sensible. De l'établissement
des Francs dans les Gaules à la repopulation de la Flandre, il y a quatre siècles au moins d'intervalle.

» Les Francs devenus propriétaires par leurs victoires
ont dû employer pour conserver leurs propriétés, les
mêmes moyens par lesquels ils se les étaient acquises.
Dès lors, ils ont dû continuer à n'être que des guerriers.
Aussi, l'ont-ils toujours été en effet. Dans la Flandre,
partie alors comme aujourd'hui de l'empire des Francs, les
princes, dont ce pays était devenu le partage, se trouvant dans le besoin de le repeupler pour en jouir, n'é-
taient plus des chefs de guerriers qui n'eussent qu'à do-
miner sur leurs conquêtes. C'était des propriétaires d'un
fond inculte, qu'ils ne pouvaient rendre inculte qu'en le
repeuplant. Si telle fut la position du premier des grands
forestiers de Flandre, qui conçut le vaste dessein de dé-

naturer son pays, il faut admettre , puisqu'il y a reussi, qu'il n'y employa que les moyens propres par leur nature à opérer une si grande révolution. Or, quels durent-être alors ces moyens ? une légi-lation opposée aux mœurs et aux usages des peuples voisins. Dans cette hypothèse, la loi de la guerre étant celle de toutes les contrées voisines, et cette loi ayant tout donné aux uns et tout refusé aux autres jusqu'à la liberté de leurs personnes, il ne pouvait pas y avoir de meilleur moyen d'attirer les peuples dans une contrée neuve , s'il m'est permis de me servir de ce terme , que de proposer à ceux qui voudraient y venir , la liberté en échange de la servitude. Les possessions substituées à l'exclusion absolue de toutes propriétés quelconques. C'est donc ce que firent les princes fla- mands. Car on ne peut pas supposer que leur pays ait pu, de forêt qu'il était , devenir tout d'un coup terre la- bourable par l'ouvrage et les mains des seuls habitants qu'il avait dans son premier état. Les bras se multiplie- rent certainement en proportion avec les travaux de la terre et avec ses productions et comme cette opération entamée vers le règne de Lyderyck de Harlebecques, au commencement du neuvième siècle, se trouve toute con- sommée sous Baudouin-le Jeune, au milieu du dixième, n'étant pas possible qu'en un si court espace , les natu- rels du pays eussent pu se trouver assez nombreux pour l'exécuter par eux-mêmes , il faut admettre le concours des étrangers ; et c'est à cette époque qu'il faut prendre l'établissement des lois, puisqu'elles ont dû faire la con- dition du marché entre le prince qui ouvrait ses portes et l'étranger qui venait se donner à lui et au bien de son pays. Les choses en cet état , le moment de la repopula

tion de la Flandre ainsi placé, tout se présente pour con-
courir à l'établissement des lois que l'on y trouve. Le
Christianisme faisant alors de grands progrès dans cette
partie de la Gaule, devait nécessairement y apporter l'a-
doucissement des mœurs ; et dans cette disposition , l'a-
mour du prochain, son premier principe, balançant dans
le cœur des chefs la raison d'Etat qui veut des aînés dans
les familles et par conséquent des inégalités de partage,
il a dû en résulter que cette inégalité serait moins dure
partout ailleurs.

» A cette concurrence naturelle du christianisme au
bien de la législation des flamands se joignit aussi la dis
position du cœur des étrangers qui venaient s'y établir
parmi eux. Ces colons qui durent faire le plus grand
nombre , avaient , comme nous l'avons dit , tous quitté
leur première patrie, ou par la haine de la servitude qui
les rendait incapables de rien posséder en propre , ou
par celle de la loi qui ne laissait aux puînés aucune part
à l'héritage du père commun. Des gens chassés par la
dureté de semblables conditions ne pouvaient que se
trouver d'accord à s'en donner de directement opposées ;
aussi fut cela leur premier soin. Nous allons le voir dans
l'exposé simple des usages qu'ils adoptèrent entr'eux ,
usages devenus la loi commune du pays par la rédaction
des coutumes.

» Tout l'objet du prince qui ouvrait ses portes dans les
moments que nous venons de décrire , se réduisait donc
à l'unique point de trouver à qui donner des terres ; et
celui des étrangers qui venaient à lui n'était de même
que de trouver où pouvoir en posséder en propre, dès lors
il dut être facile à l'un et à l'autre de se rencontrer. Le

prince avait beaucoup de terres à concéder, et le nombre
de ceux que l'incapacité d'en posséder chez eux réduisait
à venir en chercher chez lui était aussi très considérable.

« De ce premier concours de circonstances analogues
découle naturellement toute la Constitution présente et
tout l'ordre actuel des possessions. Dans cette province
l'on voit par ses premières lois que la foule fut grande à
l'égard de la distribution des terres. Tout le monde en eut,
par conséquent chacun en eut peu. Le prince sentit le
prix d'une population tout d'un coup devenue assez forte
pour que chaque portion d'héritage pût être petite sans
qu'aucune fût de trop. Il songea donc aux moyens de per-
pétuer après lui cette égalité de distribution ; ce qui ne
se pouvait qu'en éloignant la faculté d'en accumuler plusieurs sur une même tête. De là, cette loi qui défend que
deux fermes ou métairies soient fondues pour ne plus en
composer qu'une et qui défend aussi à un même fermier
d'exploiter deux fermes à la fois. Cette loi , il est vrai ,
n'a pas empêché qu'un même capitaliste ne devînt propriétaire de plusieurs fermes ensemble ; cela ne se pouvait pas. Le commerce et le cours inégal des événements
dans la société ne rend pas possible l'égale distribution
des richesses réelles, mais aussi cela n'était pas si nécessaire que l'égalité dans l'exploitation , parce que la double nécessité que deux fermes , telles petites qu'elles
soient, existent sans pouvoir être réduites à une , et que
chaque soit exploitée par un fermier différent , résulte
nécessairement la certitude d'augmenter la population
ou du moins d'empêcher qu'elle puisse jamais tomber
au-dessous de sa proportion avec les mains-d'œuvre nécessaires à la cultivation des terres qui exigent plus de

bras, à mesure qu'elles sont plus divisées en même temps qu'alors produisant davantage elles fournissent aussi à la subsistance d'un plus grand nombre de personnes.

» Quoique j'aie dit que la loi que j'ai citée ne pouvait pas empêcher les possessions de s'accumuler, il est certain du moins qu'elle a servi beaucoup à maintenir en Flandres, plus d'égalité à cet égard qu'il n'y en a partout ailleurs. La raison en est simple : plus les objets de propriété sont multipliés, moins ils sont étendus et plus ils sont chers relativement au tout. Vingt arpents vendus un à un se vendent certainement plus cher que si on les vendait tous les vingt à la fois ; dès lors il a dû être très difficile en Flandres à un seul particulier d'en accumuler sur sa tête un aussi grand nombre qu'on le voit ailleurs et cela est arrivé ainsi, parce que si avec autant d'argent, on a dans tout autre pays dix fois plus de terrain que dans cette province, dix alors y possèdent moins qu'un seul ailleurs, chacun cependant avec les mêmes frais, il est clair cependant que la population a dû y être dix fois plus forte, puisque les terres y sont reparties en dix fois plus de mains ; les acquisitions dix fois plus chères, la terre dix fois mieux cultivée et par conséquent dix fois plus féconde. Aussi l'arpent de terre labourable vaut-il dans les bons cantons de Flandres jusqu'à cent pistoles. Je regarde donc la loi qui maintient la multiplicité des objets de propriété de l'exploitation, sans permettre que deux puissent être réduits à un, ou exploités par un comme le principe fondamental de la population, de la bonne cultivation et par conséquent de la richesse de la Flandre.

» Si je ne me trompe pas dans l'estime que je crois devoir faire de cette loi si sage , selon moi , il doit m'ètre permis d'inviter les flamands à ne jamais s'en écarter, on n'a déjà que trop commencé à y donner atteinte. Rien n'est sacré à l'intérêt personnel. Que n'a-t-il corrompu ou du moins que n'a-t-il pas tenté de corrompre ? Un propriétaire de deux petites fermes qui se joignent , ou si l'on veut d'une petite ferme seulement , trouve très-dure la nécessité d'entretenir des bâtiments pour un si petit nombre d'héritage. Les réparations absorbent, dit-il , le prix de son loyer. La permission d'en détruire les édifices et d'en distribuer les terres entre les fermiers voisins, lui procurera le double avantage de le décharger d'une dépense d'entretien et de louer ses biens à un plus haut prix qu'il n'en tirait d'un fermier *ad hoc.* Si ce sont deux petites fermes dont on lui permet de n'en faire qu'une, l'avantage est sensible ; encore cependant le propriétaire ainsi déterminé pour les motifs de son intérêt personnel et de l'ordre de ceux qui décident du maintien et de l'exécution des lois, ou qu'en dispensent, et sa cause est celle de tous les propriétaires ensemble. Le pas sans doute est bien glissant.

» J'avoue qu'il faut que les intérêts des propriétaires soient pris en considération, mais ceux du cultivateur ne doivent pas non plus leur être entièrement sacrifiés. Ils le sont cependant par la moindre atteinte portée à la loi qui veut que toutes les occupations existantes soient maintenues , parce que telle petite que fût celle qu'on a retranchée, elle occupait et faisait vivre le fermier qui l'exploitait, au lieu que cet homme avec sa femme et ses enfants deviennent nuls , dès qu'ils sont arrachés à l'exploitation par laquelle ils subsistaient.

» Si l'extrémité de cette loi a été ou est encore rigoureuse pour un petit nombre de propriétaires que les flamands considèrent aussi combien son exécution a rendu
leur province supérieure à l'Artois , par exemple, où un
même fermier exploite jusqu'à quatre et cinq cents arpents de terre. Que deviendrait cette même Flandre si
peuplée et si bien cultivée, si par relâchement sur la loi
dont je parle, ces mêmes cinq cents arpents qui chez elle
occupent dix fermiers au moins , venaient un jour à n'y
être que l'ouvrage très imparfait d'un seul ? Assurément
rien n'annonce en Flandres un oubli si funeste de la sagesse de son gouvernement présent , mais il n'y a que
trop d'exemples des maux qu'ont produit après elles les
premières atteintes données aux lois fondamentales des
nations ; on n'est pas toujours le maître de s'arrêter où
on l'a résolu , et on voit assez communément dans ces
sortes de cas que l'exemple d'un petit adoucissement,
quoique bon en lui-même, n'a pas tardé à produire celui
du relâchement général par lequel tout est perdu.

» Nous venons de voir la dispersion des nouveaux habitants de la Flandre déterminée par la distribution des
héritages avec l'ordre établi dans leur exploitation ;
voyons maintenant celui par lequel furent d'abord et
sont encore gouvernés les propriétaires des héritages
mêmes. Plus , nous approfondirons la nouvelle législation de cette province, plus nous la trouverons dictée par
cet esprit de liberté que nous avons d'abord placé en op-
position avec le droit de servitude par lequel le reste de
la Gaule se trouvait alors gouverné. Des gens qui jusque
là n'avaient eu la faculté de rien posséder en propre de-

7

vaient naturellement être très flattés de la seule idée que telle ou telle chose leur appartiendrait.

» Il faut se représenter un esclave dont tout jusqu'à sa personne appartient au maître qu'il sert, devenu libre tout d'un coup et propriétaire du champ qu'il cultive, pour bien sentir l'impression que doit faire un changement d'Etat aussi subit

» Le droit de propriété fut donc ou dut être le premier charme de la condition présente des flamands. Mais ce droit qui partout ailleurs ne se maintenait que par la force qui l'avait fait naître, devenait ici un droit paisible qui par la raison qu'il flattait davantage, devait aussi être conféré dans une forme plus propre que partout ailleurs à l'assurer dans la personne de celui qui le recevait. Dans cette disposition des esprits, la forme préférée fut le nantissement qui revient à peu près à l'investiture des fiefs, nulle autre forme n'assure et ne peut assurer la propriété comme celle-là. Ce sont les officiers de la juridiction assemblés qui reçoivent la déclaration du vendeur qu'il a vendu son héritage, et de l'acheteur qu'il l'a acquis.

» L'acte contenant les conditions de la vente leur est représenté et d'après ces formes préalables, le vendeur est par eux dévesti ou dépossédé de l'héritage vendu, et l'acquéreur y est réalisé, le tout par actes couchés au registre du greffe de la juridiction. Ce registre est en Flandre d'une si grande force qu'il décide seul de tout à l'égard des héritages.

» Avez-vous acheté par contrat de notaire en bonne forme un mêm bien avant moi ; mais votre contrat n'a pas été réalisé comme le mien quoique le dernier; le mien

vaut seul sur la chose vendue et le vôtre ne vous donne
qu'une action privée contre la personne ou les autres
biens de notre vendeur commun. De même des rentes
constituées. J'achète un héritage ; avant de contracter, je
m'assure qu'il n'est chargé au registre du greffe d'aucune hypothèque ; je m'y fais réaliser sans autre forme
quelconque, ma sûreté se réduit au seul point que par le
registre, le bien que j'ai acquis n'était chargé d'aucune
hypothèque réalisée.

» Mais si tout a été simple dans les formes auxquelles
les flamands ont attaché entr'eux la faculté de conférer la
propriété des héritages , ils n ont pas mis moins de sagesse dans les lois par lesquelles ils ont déterminé l'ordre de les partager. Pères communs de leurs enfants , ils
comprirent que la nature leur imposait également des de-
voirs à l'égard de tous ; ils les partagèrent donc de même
et s'ils apportèrent à leurs dispositions et à leurs usages
là-dessus quelques traces des lois auxquelles ils venaient
de se soustraire , ce ne fut que pour adopter des diffé-
rences si légères , que d'avance ils étaient bien assurés
que les suites n'en seraient jamais pernicieuses. En effet , toute la faveur qu'un père peut faire à son aîné se
borne au préciput du tiers des biens roturiers ; donc le
partage se fait également lorsque le défunt n'en a pas
disposé autrement. Les fiefs , à la vérité , ne se gou-
vernent pas de même. L'aîné les prélève , mais à la
charge du Quint en ligne directe, lorsqu'il faut combat-
tre les préjugés, il est rare qu'on les surmonte tous. Celui de la nécessité de conserver les maisons à l'égard des
biens nobles prévalut en Flandres sur l'égalité , soit de
la part du prince ou de celle de la nation ; il est vrai

qu'en elle-même la chose est adoucie par l'ordre établi dans la succession de ces sortes de biens très différents du nôtre. Chez nous les fiefs suivent toujours l'aîné dans sa personne ou celle de ses descendants.

» En Flandre, le droit ne tient qu'à la personne qui n'est jamais représentée ; de manière que le fils cadet prévaut sur ses neveux , enfants du fils aîné et ainsi à l'infini. Le fief tient toujours au droit de primogéniture personnelle. Par là au moins, chacun peut espérer de de venir aîné à son tour.

» Cette coutume donne donc plus de révolution dans la possession des fiefs , par conséquent plus d'égalité ; ils ne se prélèvent d'ailleurs que lorsqu'ils ont fait souche et se partagent dans la succession du premier acquéreur sauf le droit de l'aîné de les prélever pour le prix qu'ils ont coûté.

» Les fiefs en Flandre sont possédés en roture : ce droit se tire des anciens usages. Les princes ne repeuplant leur pays, craignirent sans doute que l'agriculture et le commerce dont ils allaient occuper leurs peuples ne leur fissent naître que peu d'envie de songer à l'anoblir. Ils voulurent établir parmi eux en faveur de ceux qui par leur industrie auraient plus contribué à la splendeur du pays, quelques moyens de distinction. Etant de tous les climats pour le malheur du genre humain , que les hommes pensent d'eux-mêmes qu'ils ne valent qu'autant qu'ils ont droit de se croire supérieurs par quelque endroit aux autres hommes leurs semblables ; et les flamands n'étaient pas des anges pour se trouver exempts de cette faiblesse attachée à l'humanité, les princes firent donc bien de la supposer.

» Ils créèrent en conséquence des fiefs nobles avec faculté aux roturiers de les posséder et cette faculté subsiste encore. D'ailleurs, les princes tout occupés qu'ils étaient de faire fleurir leur pays devaient aussi songer aux moyens de le défendre Il fallait donc des établissements propres à former des chefs, en même temps que leurs lois propres à la population assuraient des soldats. Aussi réussirent-ils si bien à remplir l'un et l'autre de ces deux objets que dès l'année 1380, c'est-à-dire quatre cents ans avant notre époque, il se trouva déjà dans la seule ville de Gand 80,000 hommes en état de porter les armes.

» On sait qu'à la bataille de Courtrai, Pierre de Koninck, doyen des fabricants de Bruges, avait le commandement d'une armée flamande. Au surplus, si par elle-même la loi féodale en Flandre pouvait conduire à l'abus, le bon naturel des habitants a toujours suffi pour la corriger.

» Les biens de roture se partagent, comme nous l'avons dit également, et les fiefs se prélèvent. Il n'en a pas fallu davantage aux flamands pour les détourner d'acheter des fiefs. C'est aujourd'hui en Flandre, une loi écrite dans les cœurs de tous les pères et plus forte par là que si elle était contresignée dans le code de la nation, qu'il faut éviter d'avoir ou d'acquérir trop de fiefs dans la crainte de nuire à ses cadets, et par cette raison, ces sortes de biens se vendent beaucoup moins cher que les rotures.

» On peut donc assurer d'après ces observations que la faculté de posséder les fiefs en roture et le droit en faveur des aînés de les prélever après qu'ils ont fait souche,

n'ont porté aucune atteinte essentielle à l'égalité rurale,
à laquelle on voit que tendait la première loi des flamands. En effet, à prendre leur province dans l'Etat où
elle est aujourd'hui, il est certain qu'il n'y a en Europe
aucune nation chez laquelle la propriété des héritages
soit plus divisée et plus répartie, on ne voit même presque aucun flamand avoir des biens loin d'eux. Leurs
possessions pour l'ordinaire sont situées sous l'étendue
de la juridiction dans laquelle ils demeurent, et aussi
presque tous les biens de la dépendance d'un endroit
n'appartiennent qu'à celui qui l'habite. On sent que cette
dernière circonstance a dû contribuer pour beaucoup au
progrès de l'agriculture, puisque chaque héritage, pour
ainsi dire, se trouve cultivé sous les yeux de son propriétaire.

» Lorsque dans un pays les premières lois sont d'a-
bord bien reçues, et qu'ensuite celles qui surviennent se
trouvent rangées, de manière que toutes tendent cons
tamment vers le même but, il est impossible que ce concours général ne produise pas bien vite son effet.

» Le premier objet de la législation flamande fut donc,
comme l'on voit, l'égalité rurale. Quelques nuances, il
est vrai, ne tardèrent pas à venir jeter çà et là, des om-
bres sur l'uniformité du tableau ; mais l'ensemble n'en
présente pas moins aux yeux son principal sujet. Les om
bres au contraire n'y jouent que pour le faire sortir avec
plus d'éclat.

» Tel est exactement le tableau de la législation flamande. La première loi pose l'objet commun de toute la
nature, et l'ordre des fiefs semble y déroger. Mais sur le
champ paraît une loi nouvelle qui vient bien vite y ra

mener malgré soi. Cette loi est celle qui impose un droit
conservatoire, appelé *issue* ou *écart*. Ce droit connu dans
plusieurs de nos coutumes, mais qui sous le même nom
y produit des effets forts différents, ce droit proprement
dit est une servitude personnelle. Nul doute que le prince
qui l'imposa n'en eut pris l'idée dans les mœurs des autres nations.

» Mais le coup de maître consistait pour lui à faire
tourner chez soi en chose utile, ce qui ailleurs avait causé
l'émigration des peuples qui venaient en foule habiter ses
nouveaux états.

» La nécessité de faire connaître comment le droit
dont je viens de parler a pu et même dû produire l'effet
que je lui attribue, exige que je fasse connaître aussi en
quoi il consiste.

» Ce droit est le dixième denier des biens tant meubles
qu'immeubles. Il est exigible dans tous les cas où un
bourgeois quitte le lieu de sa demeure, pour aller habiter
dans un autre endroit qui n'est pas de la même juridiction, ou bien lorsqu'un étranger vient recueillir une succession sur un territoire sans cesser d'habiter celui auquel il appartient par le droit de bourgeoisie.

» La nature de ce droit regardé comme politique dé-
note suffisamment l'objet qui n'a pu être que de retenir
par la raison d'intérêt, chaque habitant dans le lieu de
sa naissance. On peut, je crois, le regarder avec justice,
comme la principale cause du peu de fréquentation que
les flamands ont toujours eu avec les peuples leurs
voisins.

» Je sais, Messieurs, que ceci ne se trouvera pas d'accord avec l'opinion publique de la province sur l'origine

du droit d'*issue* , on y croit communément que ce droit
n'a pris naissance , que dans les révolutions arrivées au
Pays-Bas en général et dans les troubles qui en sont pro-
venus , dont le prince et les seigneurs ont profité pour
s'arroger sur leurs vasseaux un droit qui par lui-même
tendait à les mettre en servitude.

» Mais si je n'ai, comme j'en conviens , aucune certitude que l'issue ait réellement l'origine que je lui attribue , la province à son tour n'est pas plus assurée que
moi de celle qu'il lui a plu de lui assigner. Ne s'agissant
donc plus dès lors que d'opposer hypothèse à hypothèse,
la bonne critique veut que je crois que l'on admette de
préférence celle qui rend utile le droit dont je traite , à
celle qui ne peut servir qu'à jeter gratuitement sur le
prince et les premiers de la nation, le projet odieux d'a-
voir voulu charger de fers leurs peuples et leurs vasseaux.
Une raison vient même ici merveilleusement bien à l'ap-
pui de ma supposition, et qu'en donnant l'*issue* comme
un établissement utile, je trouve naturellement à lui attribuer plusieurs bons effets pour le bien public, au lieu
qu'en le présentant ainsi que le fait le public comme un
droit odieux, je ne puis trouver nulle part aucun dom-
mage à mettre sur son compte.

» Je crois donc pouvoir me décider en faveur de l'o-
pinion que j'ai prise de l'origine de l'*issue*. Dès lors je
trouve qu'en même temps que les princes qui les premiers l'ont établi , s'en sont servis comme d'un moyen
d'empêcher leurs nouveaux habitants de quitter l'endroit
où ils s'étaient fixés, ils ont aussi attaché à cette obligation de demeure tous les avantages intérieurs qui pouvaient la rendre préférable à l'émigration

» Comme le pays qu'il s'agissait de peupler avait ses
inégalités de terrain, à cause desquelles il arrivait qu'un
lieu était beaucoup plus difficile à défricher qu'un autre,
il faut admettre que les moyens employés pour peupler
le pays entier n'ont pas été généraux; mais plus ou moins
étendus, plus ou moins favorables aux colons, à mesure
que la contrée qu'ils habitaient a été elle même meilleure
ou moins bonne, par conséquent d'un travail plus ou
moins pénible, plus ou moins profitable au cultivateur.

» Sous ce point de vue, l'*issue* se place naturellement
dans les lieux où l'on aperçoit qu'elle a d'abord existé
primitivement ; et ces lieux sont les territoires de Furnes,
Nieuport, Bruges, Dunkerque, Bergues et Bourbourg,
tous voisins de la mer et formant ce qu'on appelle ses
côtes.

» A ne considérer que l'état actuel de ces différentes
contrées, cette assertion paraîtra peut-être un paradoxe;
il faut la discuter sur la nature de leur assiette. Ces pays
sont sans doute aujourd'hui les meilleurs de la Flandre,
mais ils en sont aussi les lieux les plus bas, les plus marécageux. Cela posé, ôtez à ces mêmes lieux leurs canaux,
les fossés qui saignent chaque pièce de terre en particulier, etc. ; rapprochez de ces objets la facilité avec laquelle ces mêmes cantons s'inondent encore aujourd'hui,
et jugez si un tel pays pris dans son état primitif et naturel n'a pas dû opposer des obstacles immenses à ceux
qui les premiers ont entrepris de l'habiter et d'y faire
plier la nature sous les efforts de l'art et de l'industrie.

» Les choses en cet état, d'un côté la perte d'une par
tie considérable de ses biens pour tout citoyen de chaque
nouvelle habitation qui eût voulu la quitter, et de l'autre

l'exemption de toute redevance seigneuriale pour qui de
meurerait fidèle à son établissement. Tels sont les moyens
que le prince a d'abord dû appliquer au but qu'il se pro-
posait de conserver chaque colon à sa colonie. Sans ce
motif, il n'y aurait certainement eu de peuplées que les
contrées de facile production, mais on voulait et il fallait
peupler le tout également.

» Or, les contrées de Bergues , Bourbourg , Furnes ,
etc, étant sans contredit celles qui avaient le plus besoin
de ce double lien, on voit aussi que le prince ne l'a d'a-
bord attribué qu'à elles. En effet, ces lieux sont les seuls
où le souverain ait établi l'issue à son profit sur les biens
roturiers de sa mouvance. Ils sont aussi les seuls où il
n'ait pas assujetti les mêmes biens à lui payer les lots et
ventes aux mutations.

» Que si l'issue se trouve aujourd'hui établie dans le
reste de la province, tout concourt à prouvér qu'elle n'y
a eu lieu que postérieurement et après coup. D'abord ce
droit n'a été accordé aux villes que sur les biens meubles,
et ce n'est que par des concessions particulières qu'elles
l'ont étendu aux immeubles des non bourgeois ; n'étant
pas naturel, (ces mêmes immeubles étant déjà chargés au
droit seigneurial aux mutations, ce qui n'est pas dans les
contrées où l'issue a pris naissance) de supposer que le
prince eût voulu leur imposer encore une nouvelle charge
au profit des villes.

» Ceci prouve encore que ce droit n'a pas été usurpé,
puisque les villes ne l'auraient pas voulu à ce titre , et
que si elles l'ont sollicité, quoiqu'il devînt chez elles une
double charge, ce n'a été qu'à cause de son utilité et afin
qu'il produisît chez elles et en leur faveur, les bons effets

reconnus qu'il avait déjà produits dans les lieux ou il
avait commencé . . . .

 » Je ne sais, Messieurs, si je ne m'expose pas ici à
trouver plus d'un contradicteur. Je me flatte cependant
que je n'en aurai point à craindre sur les choses de fait.
Quant aux conjectures, peut-être les ai-je poussées trop
loin ; mais si l'état des flamands est tel en effet que je le
présente, à quoi l'attribuer, sinon aux lois qui les ont
gouvernés ? La Normandie, par exemple, n'a pas un sol
moins bon que celui de la Flandre ; elle n'a pas moins de
ports, de mers et de rivières. Elle n'est pas non plus
moins peuplée. Cependant tout est différent dans la manière d'être des habitants de ces deux provinces. La Normandie est toute partagée d'un côté entre de grands propriétaires qui possèdent tout ; de l'autre, des particuliers
très nombreux à qui rien n'est resté. Dans la Flandre au
contraire, presqu'aucun particulier n'a plus que l'autre ;
mais tous ou presque tous ont ensemble quelque chose.
Les flamands pourraient-ils eux-mêmes dire à quoi ils
sont redevables de cette égalité, aussi ancienne parmi
eux que leur propre existence s'ils ne veulent pas recon-
naître que c'est à la sagesse de leurs premières lois qu'ils
en ont toute l'obligation ? »

DICTONS AGRICOLES.

Janvier.

1

Les jours sont grandis dit-on
A l'an neuf,
Du saut d'un bœuf.
A la saint Antoine,
Du repas d'un moine.

—

18

A la Chaire de Saint-Pierre
L'hiver s'en va, s'il ne se resserre.

—

22

A la Saint-Vincent
Tout gèle ou tout fend.
L'hiver se reprend
Ou se rompt la dent.

—

S'il pleut le jour de Saint-Vincent.
Le vin monte dans le sarment
Mais s'il gèle il en descend.

—

25

De Saint-Paul, la claire journée
Nous annonce une bonne année.
Si le jour se passe en brouillards.
Mortalité de toute part.

—

De Saint-Paul la claire journée,
Nous denote une bonne année,
S il fait vent nous aurons la guerre,

S'il neige ou s'il pleut, cherté sur terre,
L'on voit fort épais les brouillards,
Mortalité de toute part.

—

Le jour de Saint-Pol
L'hiver se rompt le col.

—

25   Saint-Julien brise la glace
S'il ne la brise il l'embrasse.

Février.

Février emplit les fossés, Mars les vide

—

Février le plus court des mois,
Et de tous le pire à la fois.

—

Neige que donne Février
Met peu de blé au grenier.

—

2   A la chandeleur
Les jours sont crûs de plus d'une heure.

—

Si le soleil paraît, croyez
Qu'encore un hiver vous aurez.
Car sitôt qu'il luiserne
L'ours (1) rentre dans sa caverne.

---

(1) L'ourse s'entend de la constellation de la grande ourse.—
Il me semble que cela peut bien s'entendre aussi du véritable
ours, qui passe l'hiver dans une caverne.

Le jour de la chandeleur
Quand le soleil suit la banière
L'ours rentre dans sa tanière.

—

3 A la fête de Saint-Blaise
Le froid de l'hiver s'apaise
S'il redouble et s'il reprend
Bien longtemps après il se sent.

—

4 A la Sainte Agathe sème ton oignon
Fut-il dans la glace.

—

12 Si le soleil rit le jour de Sainte-Eulalie
Il y aura pomme et cidre à folie.

Mars.

En Mars quand il tonne
Chacun s'en étonne.

—

1 A la Saint-Aubin
On tend le mouton.
Mais si vous me voulez croire,
Tondez à la Saint Grégoire.

—

17 Le jour Gertrude bien se fait
Faire saigner du bras droit ;
Celui qui ainsi fera
Cette année les yeux clairs aura

—

20 Quand l'abricotier est en fleur,
Jour et nuit sont d'une teneur.

Avant bonne dame de Mars
Autant de jours les raines chantent
Autant de jours elles s'en repentent

—

Des fleurs de Mars ne tiens grand compte.

—

Brouillards en Mars, gelée en Mai.

—

Mars haleux, Avril pluvieux
   Font Mai joyeux.
   Mars sec et chaud
Emplit cave et tonneaux.

—

Tu sêmes tes melons en Mars et moi en Mai.
J'en mangerai quant et quant. Toi,
Pauvre laboureur tu ne vois
Jamais ton blé beau, l'an deux fois.
Car si tu le vois beau en herbe
Tu l'y verras en gerbe

—

   Taille tôt, taille tard
   Rien n'est tel que taille de mars,
    (pour la vigne.)

Avril.

J'ai entendu dire toujours
Quand Saint Ambroise fait neiger
Que nous sommes en grand danger
D'avoir du froid plus de huit jours.

—

24   A la Saint-Georges
25   Bonhomme sême ton orge.
        A la Saint-Marc
        Il est trop tard.

—

26   Quand il pleut le jour de Saint-Marc
       Il ne faut ni pouque ni sac.

—

Georget, Marquet, Jacques, Croisset
Ces quatres font du vin Marchet.

—

(Saint-Georges, 23 avril
 Saint-Marc,   25 »
 Saint-Jacques, 1er mai
 Sainte-Croix,   2 »)

—

Paques vieilles ou non vieilles
Ne viennent jamais sans feuilles.

—

Depuis la Pàques de résurrection ,
Figues, raisins, ni predication.

—

(Fruits secs trop avancés, sermons de carême absents.)

—

      Nul avril
      Sans épis.

—

    En avril miée,
    En mai rosée.

—

Avril dès le commencement
Ou bien à la fin se dément.

Avril froid pain et vin donne.
Avril doux
Lorsqu'il tourne est le pire de tous.

—

Bourgeon qui pousse en avril
Met peu de pain au baril.

—

Avril et Mai de l'année,
Font eux seuls les destinées.
Gelée d'avril ou de mai
Misère nous prédit au vrai.

Mai.

1   Si Jacques l'apôtre pleure
Bien peu de glands il meure.

—

S'il pleut le premier jour de mai,
Les coins madame sont cueillis.

—

2   Si la lune est pleine ou nouvelle,
Le jour que Sainte-Croix suivra,
Et s'il avient que lors il gèle
La plus grande part des fruits mourra

—

Croiset (Sainte-Croix),   3 mai
Saint-Jean Porte-Latine,   6 mai
Saint-Nicolas (Translation),   8 »
Et Pierre, hermite (P. de Tarentaise), 9 »
Sont marchands qui font le débit,
Tous les ans du pain et du vin.

11   S'il pleut le jour de Saint-Gengoult,
Les porcs auront de glands leur soul.

—

15   A la mi-mai queu d'hiver.

—

16   Saint-Honoré ! que de poids vers

—

A la Saint-Urbain ,
Ce qui est à la vigne est au vilain.

—

Urbinet
Le pire de tout quand il s'y met,
Car il casse le robinet.

—

Frais mai chaud juin
Amènent pain et vin.

—

Du mois de mai la chaleur,
Toute l'année est de valeur.

—

Pentecôte pluvieux,
N'est pas avantageux.

—

En mai,
Blé et vin nait.

Juin.

8   S'il pleut au jour de Saint-Médard,
Il pleut quarante jours plus tard.

Ris qui est de Saint-Médard,
Le cœur n'y prend pas grand part.

—

11   Saint-Barnabé,
Raccommode ce qui est gâté.

—

A la Saint-Barnabé,
La faulx au pré.

—

Au temps de Saint-Barnabé,
La gerbe retourne à l'abbé

—

19   S'il pleut au jour de Saint-Gervais,
Il pleut quarante jours après.

—

23   La Saint-Jean à regret voit,
Qui corvée ou argent doit

—

Saint-Jean qu'on fauche. 24 juin
Saint-Jean qu'on tond.   1er juillet
Saint-Jean qu'on bat.   29 août
Saint-Jean qu'on chauffe. 27 décembre

—

29   Saint-Pierre et Saint-Paul pluvieux,
Pour trente jours dangereux

—

S'il pleut la veille de la Saint-Pierre,
La vinée est réduite au tiers.

—

Feu, fèves, argent et bois
Sont bons en tout mois.

Fêves fleuries,
Temps de folies.

—

Fêves manger,
Fait gros songer.

—

Du jour de Saint-Jean la pluie,
Fait la noisette pourrie.

—

A la Saint-Sacrement,
L'épi est au froment.

Juillet.

Deux jours, alors que Marie
L'on visite, s'il fait pluie,
Assurez-vous que les filles,
Cueilleront bien peu de noisilles.

—

Sainte-Claire, donne une journée claire,
A la madeleine,
La nose (noix) est pleine
La mure madure.

—

A la mure mure chicorée blanche.

—

Au mois de juin et de juillet,
Qui se marie fort peu fait

—

En juillet,
La faucille au poignet

Aoust

A la Saint-Laurent,
La faucille au froment.

—

Quand il pleut en aoust,
Il pleut miel et bon moust.

—

Qui dort en aoust,
Dort à son cousl.

—

A la Madeleine,
La noix est pleine·
A la Saint-Laurent,
On fouille dedans.

Septembre.

1   A la Saint-Leu,
La lampe au cleu.

—

21 A la Saint-Mathieu les jours
Sont égaux aux nuits dans leur cours.

—

20 Pluye de Saint-Michel soit devant,
Ou derrière, elle ne reste au ciel.
A la Saint-Michaut,
Lors chacun fruit queaut (cueille).

Octobre.

2   Ne sême point au jour de Saint-Leger,
Si tu ne veux avoir du bled leger.

4   Mais sème au jour de Saint-François,
Il te viendra grain qui aura poids.

—

S'il pleut le jour de Saint-Denis,
Tout l'hiver aurez de la pluie.

—

Regardez bien auparavant,
Et après Saint-Denis les jours.
Car si tu vois qu'il gêlé blanc,
Les vieux assurent que toujours,
Le semblable temps tu revois
Avant et après Sainte-Croix.
(de l'année suivante.)

—

18   A la Saint-Luc,
Qui n'a pas semé, sème dru.

—

A la Saint-Simon,
Une mouche vaut un pigeon

—

22   A la Saint-Vallier,
La charrue sous le poirier.

—

25   Saint Crépin, la mort aux mouches.

Novembre.

A la Toussaint, les blés semés.
Et tous les fruits serrés.

—

11

A la Saint-Martin,
L'hiver en chemin.

—

A la Saint-Martin,
Faut goûter le vin,
Notre Dame après,
Pour boire il est prêt. (21 oct.)

—

A la Saint-Martin,
Le mout passe pour vin.

—

23

Passé la Saint-Clément,
Ne sème plus froment.

—

A la Sainte-Catherine,
Tout bois prend racine.

—

Si l'hiver va droit son chemin,

11

Vous l'aurez à Saint-Martin. (11)
S'il n'arrête tant ne quant,

23

Vous l'aurez à Saint-Clément. (23)
Et s'il trouve quelqu'encombrée.
Vous l'aurez à Saint André
Mais s'il n'allait ne çai ne lay,
Vous l'aurez en avril ou en mai.

Décembre.

A la grand Saint-Jean,
L'oiseau sur le gant.
(chasse au Faucon).

S'hiver était outre la mer
Si viendrait-il à Saint-Nicolas parler

—

A la Saint-Thomas,
Les jours sont au plus bas.

—

Neige au bled est tel bénéfice,
Comme au vieillard la bonne pelice.

—

Quant on voit un hiver avant Noël,
On est sûr d'en avoir deux.

—

Si à Noël tu vois moucherons,
A Pâques verra des glaçons.

—

A Noël au perron,
A Pâques au tison.

APPENDICE.

I.

Administration des fermes de Charlemagne

(Analyse du capitulaire de l'an 800, *de villis fisci*,
par M. Théophile Lejeune).

Nous voulons, dit l'empereur, que les terres que nous avons acquises pour notre usage soient absolument à notre disposition, et non à celle d'aucun de nos sujets, afin que notre famille soit indépendante, et que personne ne puisse la réduire à la pauvreté.

Charlemagne ordonne à chacun des intendants du domaine de se rendre dans les lieux qu'il gouverne à l'époque où les travaux doivent être exécutés, c'est-à-dire, vers le temps où l'on sème, où l'on laboure, où l'on moissonne, où l'on fane, où l'on vendange, et qu'il veille à ce que tout se fasse bien et avec soin.—Il exige que le vin, produit de ses vignes, soit transporté en quantité suffisante, pour sa consommation. dans les palais où il fait son séjour, et qu'on ne puisse disposer de ce qui restera que sur un ordre émané de lui.

Il recommande aux intendants de prendre soin de ses étalons et de ses juments, de sévrer à temps les poulains et d'amener ces derniers à son palais, le jour de la Saint-Martin d'hiver, afin qu'après avoir entendu la messe il les passe en revue.

Il veut qu'on élève dans les basses-cours des principales *villa* au moins cent poulets et trente oies; qu'il y ait dans chacune d'elles des vacheries, des bergeries, des étables pour les cochons, les chèvres et les boucs ; qu'elles aient aussi des vaches pour leur service, gardées par les serfs, de telle manière que les vacheries et les bêtes de charroi ne perdent nullement de leur valeur pour le service du maître.

Il désire que chaque année, pendant le carême, au dimanche des Rameaux, que l'on appelle *hosanna*, on s'empresse de lui remettre l'argent de ses revenus.

Les intendants sont tenus de faire saler le lard ; ils doivent veiller à la préparation et à la confection du vin, du vinaigre, du sirop de mûres, de la saumure, de la moutarde, du fromage, du beurre, de la cervoise, de l'hydromel, du miel, de la cire et de la farine.

Il veut qu'il y ait toujours, dans chaque villa, des moutons et des cochons gras, et au moins deux bœufs gras, tout prêts à être mis en sauce ou à être conduits au palais.

Il faut, pour la dignité des *villa*, qu'on garde un nombre suffisant de laies, de paons, de faisans, d'oiseaux aquatiques, de colombes, de perdrix et de tourterelles.

Il règle l'entretien et l'ameublement de ses palais et des autres bâtiments qui en dépendent. Chaque chambre doit contenir des lits, des matelas, des oreillers de plume, des couvertures, des draps ; il faut qu'il y ait des tapis sur les bancs, des vases d'airain, de plomb, de fer, de bois ; des chenets, des supports, des haches ou cognées, des vrilles, et toutes sortes d'ustensiles, afin, dit l'empereur, qu'on ne soit pas obligé d'aller en emprunter ailleurs.

Il prend soin de recommander à ses intendants de faire au carême deux parts de tous les légumes, du fromage, du beurre, du miel, de la moutarde, du vinaigre, du millet, du pain, du foin sec et de celui qui est vert, des racines, des navets, de la chicorée, du poisson pêché aux viviers, d'en apporter une à son palais et de remettre l'autre à l'évêque.

Parmi les ouvriers et les artisans attachés à chaque *villa* royale, Charlemagne nomme les orfèvres, les maréchaux-ferrants, les armuriers, les cordonniers, les tourneurs, les charpentiers, les menuisiers, les tailleurs, les oiseleurs, les savonniers, les brasseurs, les boulangers, les faiseurs de filets, en ajoutant « et tous autres qu'il serait trop long d'énumérer ici. »

Il prescrit les soins à donner à ses jeunes chiens.

Il oblige ses intendants à lui faire connaître tout ce qui est relatif aux bœufs et aux bouviers, aux esclaves, aux laboureurs, les revenus qu'ils ont prélevés sur les champs, sur le vin, et de toute autre manière, les pactes faits et rompus, les bêtes prises dans les bois ; enfin ce qu'ils ont retiré des amendes imposées. Il exige qu'ils énumèrent ce qui regarde les hommes libres et les centeniers qui servent dans les fiscs, les marchés, les vignobles et les foires ; ce qui a rapport au bois, aux planches, aux pierres et autres matériaux ; ce qui concerne les légumes, le millet et le pain , la laine , le lin et le chanvre , les noix grosses et petites, les arbustes plantés ou coupés, les jardins, les abeilles, les viviers, les cuirs , les peaux, la chair, le miel, la cire et le suif ; les boissons telles que le vin cuit , l'hydromel , le vinaigre , la cervoise , le vin vieux et nouveau, les grains, les poules et leurs œufs, les oies , les canards ; enfin ce qu'ont fait les pêcheurs , les fabricants , les charpentiers , les cordonniers , les tourneurs , les selliers , les ouvriers en fer et en plomb , les exacteurs d'impôts.

Il s'occupe des viviers et des poissons qu'ils renferment. S'il n'habite pas dans les lieux où ces viviers sont situés, il veut que les poissons soient vendus et que le prix lui en soit compté.

Il demande également compte des chèvres et des boucs, ainsi que de leurs cornes et de leurs peaux. Il termine ses instructions en désignant les racines qu'on doit cultiver dans les jardins , et les arbres qui doivent peupler les vergers.

Parmi les céréales dont Charlemagne recommande la culture , il nomme le panis et le millet , dont la farine , cuite et réduite en bouillie , était destinée à servir de nourriture pendant le carême.

Les plantes qui doivent être cultivées dans les potagers royaux, se divisent en plusieurs classes :

1.° *Plantes médicinales* — Bardane , cataire, coloquinte, dictame, guimauve, livêche, matricaire, mauve, orvale, rue, sabine, serpentaire et squille.

2.° *Plantes* ou *graines aromatiques* ou *d'assaisonnement*. — Ail, anis, aurone , carvi, cerfeuil, chervis, ciboules , coriandre, cort, cumin , échalottes , fenouil, gît ou poivrette, menthe, oignons, persil, sarriette, sauge et sénevé.

3.° *Salades*. — Cresson alénois, cresson de fontaine, endive, laitue et roquette blanche.

4.° *Plantes potagères*. — Betteraves, blettes, cardons, carottes, chicorée, choux, choux-raves, citrouilles , concombres, panais, poireaux, poirée et radis.,

5.° *Légumineuses*. — Haricots , grosses fêves , pois, chiches-d'Italie , et autres pois désignés par le nom de *pisa maurisiaca*.

Les arbres à fruits que l'empereur exige qu'il y ait dans tous les vergers , sont : des amandiers , aveliniers, cerisiers, chataigniers, cognassiers, figuiers, pruniers et sorbiers. — Charlemagne ne dit pas quelles sont les espèces de prunes et de poires qu'on cultive , mais il désigne les espèces de pommes par des mots latins dont il est impossible aujourd'hui de deviner la signification : *gormaringa, dulcia, geroldinga, crevedella, spirauca*.

Enfin , les fleurs que l'empereur veut qu'on plante dans ses jardins, sont : de l'aurone , de l'héliotrope , de l'iris ou glaïeul, des lis, des pavots , du pouillot, du romarin, des roses et des tournesols.

Il nous reste à dire que chaque intendant, qu'on nommait aussi *judex* ou *juge* , avait sous ses ordres tous les chefs des travaux de l'exploitation rurale, avec la police et la justice domestiques tant sur les serfs que sur les

hommes libres et ingénus, artisans, manœuvres et autres
qui venaient demeurer dans la *villa* et s'y établir avec le
consentement du monarque. Les fonctionnaires subal-
ternes qui dépendaient du juge étaient le *major* ou
maïeur qui était chargé des labours ; le *messier* qui devait garantir les récoltes, les bois, etc., de tous dégâts ;
le *veneur* qui avait le département de la chasse ; le *pé-
cheur*, celui de la pêche : le *prévôt* qui était particulière-
ment chargé de la comptabilité.

II.

Ordonnance de M. de Séchelle, conseiller d'État, qui défend
l'exploitation simultanée de plusieurs fermes.

(*Voir page* 94).

Sur ce qui nous a été représenté par les magistrats des
châtellenies de Bergues et de Bourbourg , que plusieurs
propriétaires s'ingéraient journellement de démolir ou lais
ser tomber en ruine les bâtiments et édifices des censes ,
et d'incorporer et unir les terres en dépendantes à d'autres censes voisines qui leur appartiennent , ou de les
louer à des particuliers qui occupent déjà une autre
cense, et ce malgré les défenses portées par les coûtumes
et les ordonnances tant anciennes que nouvelles desdits
magistrats ; que ces occupations de deux censes par une
même personne , sont cause que celles qui tombent en
ruines ne sont pas rétablies, ce qui est très préjudiciable
au bien et à l'avantage du pays, qui n'étant déjà que trop
dépeuplé d'habitants, ne manquerait pas de le devenir de
plus en plus ;

A ces causes :

Nous avons ordonné et ordonnons que lesdites
tumes et ordonnances seront exécutées selon leur forme
et teneur, et en conséquence, faisons très expresse dé
fense à tous propriétaires et autres possesseurs, de démolir, ou laisser dépérir et tomber en ruine les bâtiments
de quelque cense que ce soit, dans toute l'étendue des
châtellenies de Bergues et de Bourbourg, à peine d'être
contraints a les réédifier et remettre en bon état et des
amendes statuées par les coûtumes. Faisons pareillement
très expresse défense à toutes sortes de personnes, de
quelque état ou condition qu'elles soient, soit propriétaires ou fermiers, de faire valoir et exploiter plus d'une
seule cense, sous quelque prétexte que ce puisse être,
dans toute l'étendue desdites châtellenies de Bergues et
de Bourbourg à peine de cent livres d'amende, etc.

Fait à Lille, le 20 janvier 1754.

Signé, DE SÉCHELLE.

TABLE DES MATIÈRES.

Lille. Imp. de L. Danel.

9

Imprimé en France
FROC010111191020
25456FR00011B/218